电子和信息技术科普丛书

通信电子战
信息化战争的体系破击利剑

楼才义　张春磊　杨小牛　著

电子工业出版社
Publishing House of Electronics Industry
北京·BEIJING

内 容 简 介

本书共 6 章，对通信电子战进行了全面、深入浅出的阐述。无线通信领域"矛""盾"之争回眸章节，在回顾无线电通信与网络、通信电子战各自发展历程的基础上，对从 20 世纪初至今通信电子战发展过程中的 5 个阶段的 13 个经典战例进行了介绍。通信电子战概说章节，从通信电子战侦察、测向、定位、干扰、系统等层面对通信电子战概念进行了阐述。通信电子战装备现状章节，对陆、海（含水下）、空、天基典型通信电子战系统进行了介绍。通信电子战技术现状章节，重点介绍了复杂环境下的通信侦察、灵巧干扰、以软件为核心的通信电子战等技术。通信电子战新领域章节，介绍了卫星通信对抗、卫星导航对抗、测控对抗、数据链对抗、敌我识别对抗、引信对抗等新兴通信电子战领域。通信电子战未来发展展望章节，在阐述电子信息领域及其对通信电子战发展影响的基础上，阐述了战场网络战、认知电子战、网络化协同通信电子战、电磁静默战、算法博弈战、基于电磁波量子效应的电子侦察等未来可能产生重要影响的技战术。

作为科普图书，本书浅显易懂，可面向拥有各种知识背景的读者，也可以面向从事电子战领域的专业人员、部队官兵、在校学生。

未经许可，不得以任何方式复制或抄袭本书之部分或全部内容。
版权所有，侵权必究。

图书在版编目（CIP）数据

通信电子战：信息化战争的体系破击利剑 / 楼才义等著. -- 北京：电子工业出版社, 2025. 7. --（电子和信息技术科普丛书）. -- ISBN 978-7-121-50376-4

Ⅰ. E96；TN97

中国国家版本馆 CIP 数据核字第 2025KT8507 号

责任编辑：徐蔷薇
印　　刷：天津嘉恒印务有限公司
装　　订：天津嘉恒印务有限公司
出版发行：电子工业出版社
　　　　　北京市海淀区万寿路 173 信箱　邮编：100036
开　　本：720×1000　1/16　印张：15.25　字数：294 千字　彩插：1
版　　次：2025 年 7 月第 1 版
印　　次：2025 年 7 月第 2 次印刷
定　　价：88.00 元

凡所购买电子工业出版社图书有缺损问题，请向购买书店调换。若书店售缺，请与本社发行部联系，联系及邮购电话：（010）88254888，88258888。
质量投诉请发邮件至 zlts@phei.com.cn，盗版侵权举报请发邮件至 dbqq@phei.com.cn。
本书咨询联系方式：xuqw@phei.com.cn。

序

进入 21 世纪第三个十年，电子和信息技术正以前所未有的速度重塑世界。恰如《周易》所言，"穷则变，变则通，通则久"。这部电子和信息技术科普丛书的编纂，旨在以深入浅出的方式呈现前沿科技如何深刻改变着雷达、通信、电子战、导航等传统领域。

电子和信息领域之变，动因很多。但最主要的动因是人工智能、软件定义一切（SDX）、量子技术、网络化协同、云计算、多功能综合集成等几个前沿技术领域的飞速发展。这些技术领域看似相互独立，实则"恰好"从不同维度、以不同方式共同推动电子和信息领域跨入崭新纪元。

人工智能让电子和信息系统实现"灵智觉醒"。人工智能技术的爆发式发展，正在重新定义电子和信息系统的能力边界和极限，颠覆电子和信息系统的研发范式，重构电子和信息系统的工作模式，最终重塑电子和信息系统的杀伤链与杀伤网闭环方式。

软件定义一切让电子和信息系统硬件实现"柔性革命"。软件定义技术打破了硬件与软件的固有界限，让硬件通用化、功能软件化、综合一体化等理念深入人心，让传统上"设计即固化"的电子和信息系统逐步转型为架构开放式、规模可扩展、功能可重构、软件可编程的灵巧、柔性系统。

量子技术让电子和信息系统的信息处理实现"维度跃迁"。对于传统电子和信息系统而言，量子技术可谓开辟了一个全新的赛道——传统上电子和信息系统所面临的各种挑战、所难以突破的各种极限，在量子技术领域内可能很容易解决。

网络化协同技术让电子和信息系统运用模式实现"集群作战"。随着网络化协同技术与无人平台技术的快速发展，现代电子和信息系统正在从单机作战向网络化协同作战演进。

云-边-端架构架起电子和信息系统的"三才之道"。从某种意义上讲，以云计算为核心的"云-边-端"架构体现了天（云）、地（边）、人（端）的和谐统一，打造出了最符合当今前沿技术发展的普适性架构。而且，从目前来看，该架构是能够同时匹配人工智能、大数据分析、软件定义一切等前沿技术发展脉络的最佳方案之一。

多功能综合集成将电子和信息系统打造成"瑞士军刀"。传统上功能泾渭分明的雷达、通信、电子战等系统，正借助多功能可重构射频、可重构天线等新技术走向深度集成，且正通过基于人工智能的资源调度等方式，根据任务优先级自动分配信息处理、信号处理、射频等资源。

尽管本丛书涉及大量前沿技术，但作为科普类丛书，本丛书并不枯燥，而是致力于将一项项本高深莫测的技术打造成一个个娓娓道来的故事，唤醒读者与生俱来的好奇心。

在这个充满无限可能的时代，希望借助该丛书让作者与读者可以共同探索、见证电子和信息技术的新纪元。

是为序。

中国工程院院士
2025 年 6 月

前　言

道家有云，阴阳五行，相生相克。电磁波被发现以来，最先应用的领域就是无线电通信。而无线电通信自诞生之日起，与无线电通信"势同水火"的通信电子战（或称通信对抗）也相伴而生、如影随形。正是这种风云际会，让通信电子战成为最早用于实战的电子战手段。

有历史记载的第一次通信电子战是 1902 年英国皇家海军在地中海进行的一次演习中实施的一次无线电干扰。但通信电子战真正意义上的第一次实战应用则发生于 1904—1905 年日俄战争期间，这是通信电子战首次登上历史舞台，且"出道即巅峰"，让全世界充分见识了通信电子战的巨大威力。

战争前期，1904 年 4 月 14 日凌晨，旅顺港俄军基地内的一名无线电台操作员侦听到了日本的火炮校准信号，并立即用火花发射机对信号进行干扰，结果日本炮击只造成很小损害和很少伤亡。此次事件标志着通信电子战首次实战应用。然而，这次成功的通信电子战并未得到俄军足够的重视。到了战争后期，1905 年 5 月的对马海战中，由于俄军第二太平洋舰队司令罗杰斯特文斯基中将拒绝了下属提出的对敌通信干扰建议，整个舰队几乎全军覆没，罗杰斯特文斯基中将也被俘。可见，通信电子战用或不用、用得好不好，直接攸关战争胜负。

此后，通信与通信电子战就在电磁频谱内展开了激烈的交锋，双方在技术、战法、装备等各方面也不断促进，互有消长。

20 世纪末，美国海军提出网络中心战（NCW）理论以后，世界各国的电子信息平台纷纷通过组网实现"以网聚能、以网释能"。这一网络化浪潮也为通信电子战实现跨越性发展创造了契机：以网络化电子信息系统为作战目标的战场网络战（或称"战场网络对抗")为通信电子战发展带来了广阔前景,而"以己之体系破敌之体系"的"体系破击"也成为信息化战争期间通信电子战的新目标。

为了让更多的人对通信电子战有较全面的了解,特编写了《通信电子战——信息化战争的体系破击利剑》一书。本书不是教科书或科学论著,不向读者灌输数学公式、专业术语,而是一本颇具知识性但不乏趣味性的科普读物。

本书共分6章,从通信电子战的产生背景、历史沿革、作用地位、鲜活战例、内涵机理,以及发展的新阶段、新领域、新趋势等方面进行了深入浅出的阐述。第1章回顾了通信电子战的发展历程,再现了通信与通信电子战之间的"矛""盾"之争;第2章概述了通信电子战实施过程中的几个重要环节,即通信侦察、通信测向与定位、通信干扰,还介绍了综合性通信电子战系统;第3章概述了通信电子战装备现状,介绍了天基通信电子战、空基通信电子战、地基通信电子战、海基通信电子战;第4章阐述了通信电子战技术发展现状,包括复杂电磁环境下通信侦察、从压制干扰到灵巧干扰、从硬件为核心向软件为核心的系统架构;第5章介绍了通信电子战新领域,包括卫星通信对抗、卫星导航对抗、测控对抗(含反无人机对抗)、数据链对抗、敌我识别对抗、引信对抗;第6章展望了通信电子战的未来,包括战场网络战、认知电子战、电磁静默战、算法博弈战、网络化协同电子战、基于电磁波量子效应的电子侦察等新概念、新思想。

本书主要由楼才义、张春磊、杨小牛撰写,陈柱文、曹宇音、李子富参与了第5章部分内容的撰写。本书撰写过程中得到了张锡祥院士、姚富强院士的指导,得到了中国电子科技集团公司第三十六研究所金飙书记、任传伦所长的大力支持,得到了何小煜、尤明懿、徐以涛、丁国如、王一星、王雪琴等专家的指导与支持,在此深表谢意;对参与本书前期准备工作的曹国英、唐秀玲、陈鼎鼎、周宜俊等同事表示感谢,他们的付出为本书快速、高质量完成奠定了坚实基础;特别感谢电子工业出版社的徐蔷薇女士的耐心审校与大力支持。由于编写者水平有限,书中缺点甚至错误在所难免,望广大读者批评指正。

2025年3月

引 言

大家一定不陌生，在电影《永不消逝的电波》中，敌方经过长时间侦察监视，截获到战斗在敌方心脏中的我方上海地下党与延安党中央进行的无线电通信信号，并根据双方发报员按键的手指轻重等细微特征（技术术语称"指纹"），将该通信确定是我党最重要的干线通信，但因通信密码一时破解不了，无法获知通信内容，不得不千方百计通过测向定位手段企图找到并消灭我方地下电台。我党地下工作者李侠，通过缩短发报时间、变换发报地点、发现敌人监测时实行无线电静默（停止发报）等方法，多次使敌人无功而返。但最终，经过不断测向定位，逐渐逼近，敌人还是确定了我方地下电台的位置。我党优秀地下工作者李侠，在发完最后一份重要电报并销毁电台后，英勇牺牲。每个看完该部影片的观众，无不对共产党员李侠的大无畏革命献身精神感到由衷的敬佩。

在这部歌颂英雄人物的影片中，细心的观众也发现，只要李侠一发报（进行无线电通信），就始终会受到敌人的侦察监视和测向定位（实施通信电子战）。通信与通信电子战如影相随，相伴相生。

什么是通信电子战？它是怎样产生和发展的？任务是什么？包含什么内容？它在现代信息化战争中怎样使用？会起什么作用和占据什么地位？且让我们一一道来。

目 录

第 1 章　无线通信领域"矛""盾"之争回眸 ··· 1
　1.1　"盾"之弥坚——无线电通信与网络 ·· 2
　　　1.1.1　无线电通信的发明 ·· 2
　　　1.1.2　无线电通信的过程 ·· 3
　　　1.1.3　无线电通信的特征 ·· 5
　1.2　"矛"之愈锐——通信电子战 ·· 14
　　　1.2.1　通信电子战的产生 ··· 14
　　　1.2.2　通信电子战的内容 ··· 16
　　　1.2.3　通信电子战的特征 ··· 18
　1.3　"矛"与"盾"对决：通信电子战经典战例 ································· 19
　　　1.3.1　无线电通信发明初期 ·· 19
　　　1.3.2　第一次世界大战期间 ·· 23
　　　1.3.3　第二次世界大战期间 ·· 24
　　　1.3.4　冷战期间 ·· 26
　　　1.3.5　冷战结束后 ··· 29
　参考文献 ·· 34

第 2 章　通信电子战概说 ··· 36
　2.1　发现目标：通信侦察 ·· 37

2.1.1　通信侦察的应用 …………………………………………… 38
　　2.1.2　通信侦察的特点 …………………………………………… 41
　　2.1.3　通信侦察装备 ……………………………………………… 44
2.2　锁定目标：通信测向与定位 ……………………………………… 46
　　2.2.1　通信测向与定位的任务与应用 …………………………… 47
　　2.2.2　影响测向与定位性能的因素 ……………………………… 48
　　2.2.3　通信测向方法 ……………………………………………… 50
　　2.2.4　通信定位方法 ……………………………………………… 54
2.3　攻击目标：通信干扰 ……………………………………………… 58
　　2.3.1　通信干扰的任务与应用 …………………………………… 58
　　2.3.2　通信干扰基本原则 ………………………………………… 58
　　2.3.3　通信干扰的分类 …………………………………………… 62
　　2.3.4　通信干扰的特点 …………………………………………… 63
2.4　破击体系：通信电子战系统 ……………………………………… 65
　　2.4.1　通信电子战系统的特点 …………………………………… 65
　　2.4.2　通信电子战系统的分类 …………………………………… 67
　　2.4.3　通信电子战系统的组成 …………………………………… 68
参考文献 ……………………………………………………………………… 71

第3章　通信电子战装备现状 ……………………………………………… 72
3.1　战略制高——天基通信电子战 …………………………………… 73
　　3.1.1　美军天基电子战发展概述 ………………………………… 73
　　3.1.2　大国高度重视电子侦察卫星发展 ………………………… 76
　　3.1.3　临近空间浮空平台拓宽通信电子战的时空范围 ………… 85
　　3.1.4　空天无人机将成为新型太空电子战平台 ………………… 86
　　3.1.5　军商混合成为新主流 ……………………………………… 87
3.2　长盛不衰——空基通信电子战 …………………………………… 88
　　3.2.1　"永葆青春"的通信电子战飞机 …………………………… 89
　　3.2.2　"一鸣惊人"的通信电子战无人机 ………………………… 100

3.3 反恐利器——地基通信电子战 ·· 106
3.3.1 带刀侍卫：非常规战争中的地面通信电子战 ······················ 107
3.3.2 奋力突围：大国竞争时代的地基通信电子战 ······················ 109
3.3.3 跟上时代：地基反无人机通信电子战系统快速发展 ············· 112
3.4 乘风破浪——海基通信电子战 ·· 116
3.4.1 艰难前行的水面通信电子战 ·· 116
3.4.2 异军突起的水下通信电子战 ·· 117
参考文献 ·· 118

第 4 章 通信电子战技术现状 ·· 120
4.1 大海捞针——复杂电磁环境下的通信侦察 ································ 120
4.1.1 陷于困境的通信侦察 ·· 120
4.1.2 "大海捞针"的侦测技术 ··· 121
4.2 以柔克刚——从压制干扰走向灵巧干扰 ··································· 128
4.2.1 分布式干扰已实战使用 ··· 128
4.2.2 灵巧式干扰体制受青睐 ··· 130
4.3 灵活适变——系统架构从以硬件为核心向以软件为核心转型 ········ 134
4.3.1 功能可重构与综合一体化 ·· 134
4.3.2 模块化开放式系统体系架构 ·· 136
4.3.3 虚拟化射频 ·· 140
4.3.4 以软件为核心的典型系统 ·· 141
参考文献 ·· 144

第 5 章 通信电子战新领域 ··· 145
5.1 拆除"天梯"：卫星通信对抗 ·· 146
5.1.1 铸就"天梯"：卫星通信 ··· 147
5.1.2 拆除"天梯"：卫星通信对抗 ······································· 160
5.2 熄灭"灯塔"：卫星导航对抗 ·· 163
5.2.1 太空"灯塔"：卫星导航系统 ······································· 163

5.2.2 熄灭"灯塔"：卫星导航对抗 167
5.3 剪断"风筝"：测控对抗 171
　5.3.1 测控系统的发展和组成 172
　5.3.2 测控对抗的军事价值 173
　5.3.3 典型的测控对抗系统 174
5.4 斩断"筋脉"：数据链对抗 176
　5.4.1 敞开数据链家族大门 176
　5.4.2 身负重任的数据链通信对抗 180
5.5 混淆"敌我"：敌我识别对抗 181
　5.5.1 战争的首要问题——分清敌我 181
　5.5.2 敌我识别设备的发展 183
　5.5.3 对症下药的敌我识别对抗 186
5.6 防患未然：引信对抗 187
　5.6.1 炸弹的开关：无线电引信 187
　5.6.2 反恐战争中蓬勃发展的引信对抗 188
参考文献 192

第6章 通信电子战未来发展展望 193
6.1 电子信息领域发展及其对通信电子战发展的影响 194
　6.1.1 电子信息领域的发展脉络梳理 194
　6.1.2 对通信电子战未来发展的影响 195
6.2 战场网络战 196
　6.2.1 网络化战场——射频网络化与网络射频化 196
　6.2.2 战场网络破击——战场网络破、瘫、控 199
6.3 认知电子战 204
　6.3.1 人工智能时代到来 205
　6.3.2 人工智能对电子战领域的影响 207
　6.3.3 认知电子战的内涵 207
　6.3.4 认知电子战的特点与优势 208

  6.3.5 认知通信电子战典型项目 ·················· 209
6.4 网络化协同通信电子战 ························ 212
  6.4.1 网络化协同电子战发展概述 ················ 212
  6.4.2 网络化协同为电子战带来的能力提升 ············ 213
  6.4.3 网络化协同电子战发展阶段划分 ·············· 215
  6.4.4 网络化协同通信电子战典型项目 ·············· 216
6.5 电磁静默战 ······························ 218
  6.5.1 "低功率到零功率"作战 ·················· 218
  6.5.2 "电磁静默战"的基本概念 ················· 219
  6.5.3 "电磁静默战"发展历程概述 ················ 220
  6.5.4 电磁环境利用概念 ···················· 221
6.6 算法博弈战 ······························ 221
  6.6.1 算法博弈概述 ······················ 222
  6.6.2 三要素博弈技术群 ···················· 222
  6.6.3 算法博弈对电磁频谱博弈的未来影响 ············ 223
6.7 基于电磁波量子效应的电子侦察 ··················· 223
  6.7.1 基于电磁波量子效应的电子侦察基本原理 ·········· 224
  6.7.2 典型项目 ························ 224

参考文献 ···································· 227

第 1 章
无线通信领域"矛""盾"之争回眸

矛与盾是古代作战中的一对进攻与防御的兵器。有一个寓言说的是，一个既卖矛又卖盾的人，举起矛说："我的矛锐利无比，再坚硬的盾也能刺穿。"接着又举起盾说："我的盾坚硬异常，再尖锐的矛也刺不穿。"旁边有人问道："用你的矛刺你的盾，结果会如何呢？"卖矛与盾的人张口结舌。

其实，没有永远坚固的盾，也没有永远锐利的矛。它们相互促进，螺旋发展。有坚固的盾出现，随之就会有能刺穿这种盾的矛出现；接着，又会出现更坚固的盾，进而再有更锐利的矛……矛与盾这对兵器几千年来就这样"此起彼伏"地发展，并形成了今天的一个常用词汇"矛盾"，表示的就是这样一种既互相排斥又互相依赖的关系。

通信电子战与通信也正像一对"矛"与"盾"一样，相互对立、相斥相长。常言道："没有干扰不了的通信，也没有抗不了的干扰"，这正是对通信电子战与

通信这一"矛"与"盾"关系的精辟概括。随着通信新技术、新装备的出现，就会出现一种新的通信电子战技术和装备与之对抗；同样，一旦出现一种新的通信电子战技术和装备，又会有更加先进的通信技术和装备与之抗衡……通信电子战这支"矛"与通信这面"盾"已斗争了120多年，并还将继续斗争下去。它们在对抗中相互促进，不断提高，不断发展。

1.1 "盾"之弥坚——无线电通信与网络

众所周知，宇宙中充斥着电磁波。而就在我们身边，陆、海、空、天乃至水下等地理空间，以及互联网、电信网、金融网、军事专用网等各种信息网络空间中也都充斥着"电磁波"。人类活动的所有领域几乎都与电磁波密切相关。

电磁波简称"电波"，有自然存在的，如电闪雷鸣等杂乱无章的"电磁噪声"；也有人为产生的，如通信、雷达、导航、遥测遥控、敌我识别、无线电引信、电子战等有规则的"电磁信号"。

通过有线传输的电磁信号称为"有线电波"，在18世纪末（1793年）就开始应用，如有线电话、有线电报等。通过无线传输的电磁信号称为"无线电波"。无线电波为人类服务已有120多年的历史，无线电通信则是首次成功利用无线电波传输信号的范例。

1.1.1 无线电通信的发明

1900年前后，英国人马可尼和俄罗斯帝国的波波夫，各自独立用无线电波作为载体（无线通信领域称为"载波"，载波的频率称为"载频"）传送话音信号（无线通信领域称为"调制信号"）试验获得成功，从而开创了具有划时代意义的"无线电通信"新纪元，如图1.1所示。

无线电通信（本书中简称为"通信"）是现代社会中使用相当频繁的一个词语。什么是通信呢？写信就是一种最简单的通信方式。发信方是信息"来源"，称为"信源"；信件可以通过汽车、轮船或飞机送到对方，这种传递信息的"通道"（此处是汽车、轮船或者飞机）称为"邮路"；收信方收到信后获得信息，是信息的"归宿"，称为"信宿"。信件在传递过程中可能受到污损。无线电通信过程与信件的邮寄过程类似，发信方和收信方也分别称为"信源"和"信宿"，传输通道称为"信道"。同样，如同信件传递过程中可能受到污损一样，通信过程也会受到自然的和人为的影响，这些影响称为"干扰"。

(a) 马可尼

(b) 马可尼的无线电通信机

(c) 波波夫

(d) 波波夫的无线电通信机

图 1.1　马可尼、波波夫及其发明的无线电通信机

通信出现后，迅速在世界各国投入使用，特别在军事上，无线电话、电报、传真等遍布军方各级指挥机构；卫星通信、移动通信、网络通信等现代通信手段相继出现，使指挥部、指挥所与部署在前方的作战部队之间快速传输话音、图像、视频等信息。目前，通信已成为现代文明社会不可或缺的信息传输、交换工具，就如同空气和水一样。

1.1.2　无线电通信的过程

无线通信是指通信双方依靠电磁波的发射和接收来传输声音、文字、图像等信息。为了完成通信功能，需要一套装置，我们把这套能进行通信的装置称为通信系统（即收发信机，包括战术通信电台、数据链终端、卫星通信终端、战术无线网络终端等）。图 1.2 是双方进行无线通信时使用的典型通信系统示意。从图中可以看出，通信接收机在接收有用信号的同时，自然和人为的干扰信号（广义上都可称为"噪声"）也进入无线信道，被收信方同时接收。

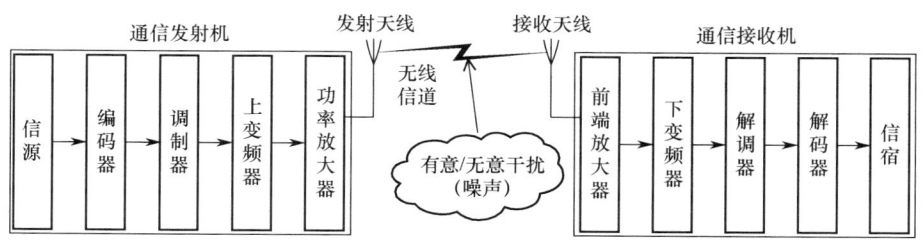

图 1.2　典型通信系统示意

在图 1.2 中，要先把需要传递的信息转换为电信号（称为"基带信号"或"调制信号"），如将声音通过麦克风转化为电信号，将文字、图像等通过计算机转换为电信号。但声音、文字、图像等电信号的频率低（人耳能听到的声频约数百赫兹至数千赫兹，人眼能看到的文字、图像的视频大致为数兆赫兹），不适合远距离、大容量传输，因此，通信发射机的作用就是将低频的电信号经调制器、上变频器变换到适合在无线信道中传输的较高频率（载频）的信号（称为"已调信号"）并经功率放大器放大后发射出去。

通信接收机的工作过程与通信发射机的工作过程相反，它把从无线信道中接收到的较高频率（载频）的信号（包括有用信号和干扰信号）经下变频器还原为低频的电信号，再将电信号经解调器变换为接收方可以听到或观看的声音、文字、图像等信息。自然界产生的电磁"噪声"和人为的干扰信号会与有用信号一起被通信接收机接收，从而对传输的通信信号产生扰乱。

可见，上述通信过程与邮寄信件的过程很相似：基带信号就好比是需要邮寄的信件，调制过程就好比是把信件放在运输工具（"载波"）上，放大过程就好比是给运输工具加满油，无线信道就好比是公路、铁路、水路、飞行航线，各种噪声则好比是路上的障碍、空中的乱流、海上的风浪等。

携带信号的载波的频率（载频）称为"通信信号频率"或"通信频率"；载频途经的空间路径称为通信"信道"或"链路"。调制在载频上的话音、文字、图像等调制信号在频率轴上所占据的频谱宽度称为调制带宽，习惯上称为"通信带宽"或"信道宽度"，简称"带宽"。话音通信的带宽较窄，如 HF 频段的通信仅为数千赫兹，VHF/UHF 频段的通信一般为 25kHz 或 12.5kHz；视频通信的带宽较宽，如电视为 6.5MHz；现代高速数据通信的带宽则要更宽。这些概念在后面会直接使用，不再另做解释。

1.1.3　无线电通信的特征

1. 无线信号的基本参数特征

在描述无线信号时，通常会涉及一系列参数，这些参数贯穿全书。因此，本部分简单介绍一下无线信号基本参数的内涵，以免后续章节再重复介绍。

从时间维度（"时域"）来看，无线信号可以用 3 个参数来描述，即长短（"波长"）、高低（"幅度"）、疏密（"频率变化"），如图 1.3 所示。波长指的是电磁波相邻两个波谷或波峰之间的距离，通常用长度作为单位（波长不同，所用单位也有所不同，波长短的情况下可以用厘米、毫米、微米等作为单位，波长长的情况下则可能用米乃至千米等作为单位）；幅度则指的是波峰的高度，用电压的单位伏（V）作为单位（因此，振幅有时也称为"电压电平"，如果用对数表示就是 dBμ 或 dBV），但工程领域内通常用功率来表示幅度（功率可视作电压的平方），此时就会采用功率单位瓦（W）作为单位（此时振幅即为"功率电平"，如果用对数表示就是 dBm 或 dBW）；频率变化尽管从信号疏密程度上大致可以看出，但精准的变化还需要从频谱维度（"频域"）来看。

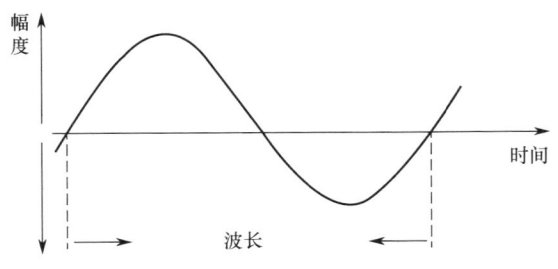

图 1.3　无线信号时域示意

从频谱维度（"频域"）来看，无线信号可以用 2 个参数来描述，即频率、幅度。此外，从频率还可以推导出第 3 个参数，即带宽。无线信号频域示意如图 1.4

所示。无线信号的"频率"概念与我们日常生活中对于频率的理解差不多,即特定时间段内特定现象的发生次数。例如,一周打两次球、一年放两次假,等等。具体到无线信号领域,频率指的是在给定时间段内周期性无线信号的重复周期数,用赫兹〔Hz,即每秒重复一个周期,早期频率还有个单位叫作"周每秒(cps)",可谓非常朴素且贴切了〕作为单位。然而,常用的无线信号频率都很高,因此,Hz 其实用得不多,而更常用的是比 Hz 高很多个量级的单位,如千赫(kHz,1000Hz)、兆赫(MHz,100 万 Hz)、吉赫(GHz,10 亿 Hz),等等。此外,无线信号频谱图中最高频率和最低频率之差通常称为"带宽",也用 Hz 作为单位。例如,假定图 1.4 中的最高频率(f_9)为 4MHz、最低频率(f_1)为 1MHz,则带宽为 3MHz。频谱维度中"幅度"的概念与时间维度中的概念本质上一样,都表示信号的电平。然而,二者之间还是有区别的:时间维度上,"幅度"指的是整个信号的电平;频谱维度上,"幅度"更加细化,描述的是不同频率分量信号的电平。考虑到能量守恒,可以这样来理解:时间维度上信号的能量是该信号所有频率分量的能量之和。

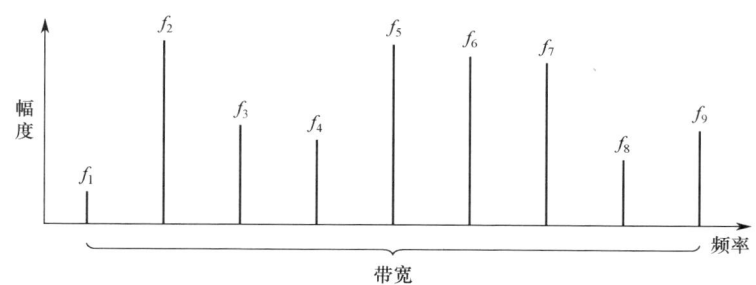

图 1.4 无线信号频域示意

("频谱图",图中信号有 9 个频率分量)

2. 无线通信的信号传播特征

由于信号具备时域和频域两个维度上的特点,因此无线电波通常也有两种叫法:从时域上,叫作波段;从频域上,叫作频段。二者本质上没有区别,本书统一用"频段"这种说法。整个电磁频谱划分示意如图 1.5 所示。

通信信号常用的频段是整个电磁频谱中的一部分,不同频段的通信信号是以不同方式传播的,具有不同的传播规律,典型的传播方式如图 1.6 所示。"天波"传播指的是电磁波利用电离层反射进行传播;"折射波"传播是指电磁波利用对流层散射进行传播，因此也称为对流层散射传播；"大气波导"传播简称"波导"传播，指的是对流层在特殊情况下形成了一个能够把电磁波"束缚"在里面的空间，借助该空间，电磁波可以实现超视距传播，从这种描述可知，从广义上讲，波导传播也属于"折射波"传播的一个特例；"表面波"（亦称"地波"）传播指的是电磁波沿着地球表面传播的一种方式；"直接波"传播指的是收、发天线足够高（如装在飞机上）且能够相互"看到"对方（"通视""视距内"）的情况下，电磁波直接由发射天线传播到接收天线的方式；"地面反射波"传播通常不会独立出现，而是在特殊情况下（通常是收、发天线不够高的情况下）与直接波一起出现，此时接收天线收到的就是直接波和地面反射波合成的波（"双线传播"）。

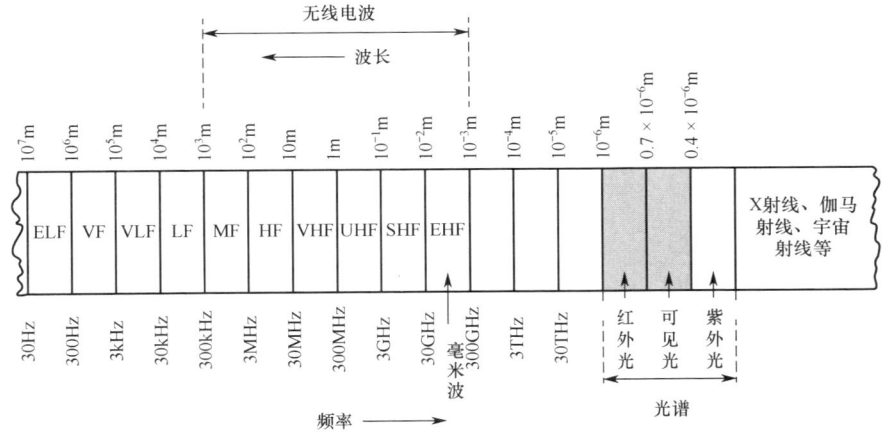

图 1.5 电磁频谱划分示意

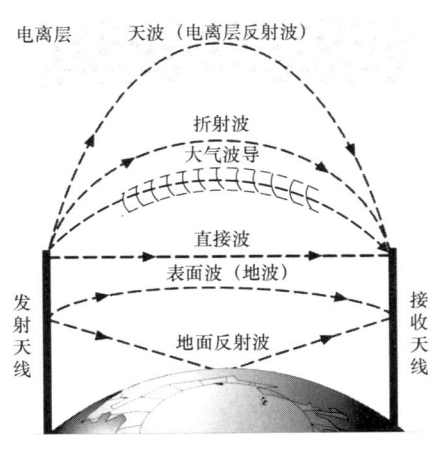

图 1.6 通信信号典型传播方式

无线通信频段的划分如表 1.1 所示。表中同时标出了各频段的代号、标记和用途。

表 1.1 无线通信频段的划分

频段		名称	代号	原标记	新标记	用途
0.3～300kHz	0.3～3kHz	极低频	ELF	—		用于超远程通信。其中 0.3～30kHz 多用于水下通信和无线电导航
	3～30kHz	甚低频	VLF			
	30～300kHz	低频	LF			
300kHz～2MHz		中频	MF	—	—	500kHz～2MHz 用于无线电广播
2～30MHz		高频	HF			用于超视距通信和战术移动通信
30～300MHz		甚高频	VHF	—	—	30～100MHz 用于战术指挥通信、舰艇编队通信及地空协同通信；100～174MHz 及 225～400MHz 用于战术空空、舰空和地空通信；225～400MHz 还用于卫星通信；420～450MHz 用于飞行指令链路；200～960MHz 作为骨干网络用于地域无线接力通信
300～3000MHz（0.3～3GHz）	0.3～0.5GHz	特高频	UHF	—	—	
	0.5～1GHz				C	
	1～2GHz			L	D	1GHz 以上，主要用于定向通信，如微波接力通信、散射通信、卫星通信等
	2～3GHz			S	E	
3～30GHz	3～4GHz	超高频	SHF		F	
	4～6GHz			C	G	
	6～8GHz				H	
	8～10GHz			X	I	
	10～12.4GHz				J	
	12.4～18GHz			Ku		
	18～20GHz			K	K	
	20～26.6GHz					
	26.6～40GHz			Ka		
30～300GHz	40～75GHz	极高频	EHF		V	
	75～110GHz				W	

注：表中频段的"原标记"符号在许多文章中仍普遍使用。

300kHz 以下的超长波、长波（也称"极低频""甚低频""低频"）频段通信信号利用地波传播，对岩石和海水具有一定的穿透力。

第1章 无线通信领域"矛""盾"之争回眸

中波（300kHz～2MHz，也称"中频"）频段通信信号以地波传播为主，天波传播为辅。

短波（2～30MHz，也称"高频"）频段通信信号以地波方式传播时，由于波长较短，衰耗大，通信距离较近；以天波方式传播时，经过电离层反射，其损耗远小于地波传播，所以即使使用较小功率的短波通信电台也能传播较远的距离。

超短波（30～300MHz，也称"甚高频"）和分米波（300～3000MHz，也称"特高频"）频段通信信号，采用鞭形天线时，仅靠地波传播，通信距离近，适用于战术通信；采用高架天线或将电台设在高处通过直接波传播时，通信距离达可视距离（"视距"）范围；当需要传播更远时，可采用接力、卫星和散射通信方式。

微波（1～300GHz，涵盖了"特高频"的一部分、"超高频"全部、"极高频"全部，又细分为了L、S、C、X、Ku、K、Ka、V、W等子频段）频段通信信号类似光的直线传播，对障碍物绕射能力很弱，适用于视距内空间波通信；可采用接力、卫星和散射方式实现远距离通信。

此外，在卫星通信领域，还有更加详细的频段划分，且明确了卫星的上、下行链路频率范围，如表1.2所示。卫星的上行链路指的是地球终端（包括地球站）向卫星发射信号的链路，而下行链路指的是卫星向地球终端（包括地球站）发射信号的链路。

表1.2 卫星通信频率分配

频 段	上行链路/GHz	下行链路/GHz
VHF	0.148～150.05	137～138
UHF	0.3999～0.4005 0.406～0.4061	0.387～0.390 0.40015～0.401
L	1.525～1.559	1.626～1.660
S	2.2～2.3	2.5～2.69
C	6（5.925～6.425）	4（3.7～4.2）
X	8.2（7.9～8.4）	7.5（7.25～7.75）
Ku	10.7～11.7（欧洲） 14.5～14.8（其他） 17.3～18.1 14～14.5	11.7～12.2（亚洲、大洋洲） 11.7～12.5（非洲、欧洲） 12.1～12.7（美洲） 12.5～12.75（通用）
Ka	30（27.5～31）	20（17.7～21.2）
Q	47.2～49.2	40.5～42.5
V	74～79.5	84.0～86.0

3. 无线通信的调制特征

为了实现远距离可靠传输，通信双方必须按一定规则制定信号的格式，即遵循一定的调制规律，因而需要对发射的信号进行某种调制。根据基带信号的属性，调制可分为模拟调制（基带信号为模拟信号）与数字调制（基带信号为数字信号）两类。模拟调制的方法通常有调幅（AM）、调频（FM）、调相（PM）等，相对应地，数字调制的方法通常有幅度键控（ASK）、频移键控（FSK）、相移键控（PSK）等。随着技术的进步，还产生了各种更为先进的、复合的调制方法。用不同的方法调制的信号具有不同的频谱特性，接收时必须采用与之对应的解调方法，才能恢复传递的信息。

4. 无线通信的协议规则特征

在通信中，双方还必须事先规定呼号、通信频率、联络时间等通信元素及勤务用语，并按一定的规则建立通信网络和确定电台之间的联络关系。

现代通信已有跳频通信、直接序列扩频通信、跳时通信、线性调频及这些方式相结合的更为先进的通信方式，数字编码复杂，调制加密诡异。这种情况下，若不知晓通信联络规律，无论是对于己方、友方通信而言，还是对于敌方通信侦察、通信干扰而言，都变得愈发艰难。

5. 无线通信的反侦察与抗干扰特征

为了使通信信号清晰可懂，从通信诞生起，就不得不采取多种措施来抵御各种自然的和人为的干扰，特别是人为的干扰。这些措施的组合就是通信的反侦察（确保信号不被敌方发现）与抗干扰（确保信号在遭受敌方干扰时的性能影响尽可能低）特征。对于敌方而言，若无法发现通信信号（"侦察"），则干扰就无从谈起，从这种意义上讲，"反侦察"天然就意味着"抗干扰"。因此，"反侦察与抗干扰特征"通常也简称为"抗干扰特征"。

多个维度的措施、手段都可以实现通信反侦察与抗干扰，这些维度通常包括时域、频域、空域/能域、码域，如表1.3所示。

总体来看，通信反侦察与抗干扰的目标概括起来主要有信号隐蔽、干扰回避、干扰抑制及通信网络抗干扰等方法。此外，随着人工智能在电子战领域得到越来越广泛的应用，无线通信认知抗干扰（认知通信电子防护）逐渐兴起，成为一种智能化、多手段、灵巧的无线通信抗干扰方式。

表 1.3 无线通信典型反侦察与抗干扰手段

维　度	手　段
频域	扩频（SS），含直接序列扩频、线性调频（LFM/chirp-SS）、自适应信道选择（ACS）、跳频（FH）等
	超宽带（UWB）、超窄带（UNB）
时域	猝发通信，含流星余迹通信、短波猝发通信、激光猝发通信、对流层散射通信等
	跳时
	时间反转镜（TRM）、主动时间反转、被动时间反转等
空域/能域	调零天线
	自适应功率控制
	自适应滤波
	自动增益控制（AGC）
	定向通信
	多波束天线
	空间分集
	多输入多输出
码域	波形编码，含正交编码、双正交编码、超正交编码/单纯码等
	结构化序列，含检错编码、纠错编码、混合编码等

1）信号隐蔽

信号隐蔽就是在通信信号与干扰共存的时域、空域、频域中，采用信号隐蔽的方法使敌方无法找到或难以发现信号。例如，跳频（FH）通信在通信过程中按一定规律快速切换载频，在超短波通信中，载频的切换速度（"跳速"）最高可达数千跳/秒至数万跳/秒。再如，直接序列扩频通信（DSSS）把载频分散在一个很宽的频段上，使每个载频携带的信号能量很小，淹没在噪声中，若事先不知道存在该信号，则根本就发现不了。

2）干扰规避

干扰规避就是在时域、空域、频域上避开干扰。例如，在时域上采用通信时间短暂而随机的猝发通信、流星余迹通信，在空域上采用不易受干扰的卫星通信，在频域上采用更高频段（超高频、极高频）通信等。

3）干扰抑制

干扰抑制就是抑制、抵消干扰信号的方法。例如，采用自适应天线调零技术（自适应干扰信号抵消技术，当接收端受到干扰时，使接收天线方向图零点自动指向干扰，以提高通信接收机的信干比）、天线方向性控制技术、多天线技术等。

4）通信网络抗干扰

与所有电子信息装备一样，随着计算机技术和微电子技术的飞速发展，借助信息技术的神奇力量，通信正向网络化、通用化、系列化、模块化和软件化的方向快速发展，使通信系统的功能可扩展，软件可升级，系统规模可大可小，具有灵活的柔性组织结构及良好的可靠性和可维修性。特别是网络化更代表了现代通信最显著的抗干扰特征。

随着战争形态向网络中心战转变，战术通信和战略通信已无明显界限，网络化通信系统（称为"通信网"）通过各种通信规程、软件协议和设备模块化、标准化，极大地方便了各种通信终端和节点（如各种电子信息装备）的接入，逐步形成了家喻户晓的"互联网"，不论人们身处何时、何地，它都使彼此的交流能力大大增强。例如，通过手机、电话、Internet或其他通信媒介的组合，可快速实现全球的通信联系，通信网成了真正的"信息高速公路"。

对于这种栅格状的通信网，一般的干扰已无济于事，其抗干扰能力极强。由于通信网络兼具"通信"与"网络"双重特性，因此，其抗干扰特征也兼具通信电子防护和网络防护两方面。以美国陆军的战术级作战人员信息网（WIN-T）为例，其抗干扰能力就体现出了这种特征，如表1.4所示。

表1.4 美国陆军WIN-T的通信电子防护与网络防护能力

类　型	典型技术、手段
通信电子防护	定向组网与功率控制（地面干线节点）； 扩频（NCW卫星通信）； 采用保密移动抗干扰可靠战术终端（SMART-T）； 借助对流层散射（TROPO）等窄发通信设备实现应急通信（对流层散射装备本身不属于WIN-T装备）； 高密级关键节点采用有线通信，如绝密级模块化通信节点（MCN-TS）

续表

类型	典型技术、手段
网络防护	系统的、成建制的网络运作与管理系统与方法； 独立式、嵌入式等多种加密设备，并采用多种高复杂度的加密算法； 在实现多密级跨域集成的同时，通过节点管理、局域网管理等手段确保各密级网络适当的隔离度； 综合采用多种认证手段

5）通信认知抗干扰（认知通信防护）

通信认知抗干扰（认知通信防护）指的是将人工智能用于通信电子防护并实现防护能力提升这种模式。在该模式中，人工智能起到的是"大脑"的作用，会根据所遭受的不同干扰类型来自主制定最优的抗干扰策略。

美国国防高级研究计划局（DARPA）开发的极端射频频谱条件下的通信（CommEx）项目就是典型的认知通信防护项目。该项目不仅致力于将认知理念用于实现通信电子防护能力，本身致力于开发的样机也是一种认知无线电系统。该项目主要开发如下技术：应对自适应认知干扰机的通信技术；应对极端的、未知的、多重干扰行为的通信技术。CommEx 的系统框图如图 1.7 所示。图中的干扰识别器、干扰策略控制面板、策略优化器等核心功能模块均在人工智能引擎的支撑下实现通信认知电子防护（通信认知抗干扰），实时重构通信波形，甚至实时重构涵盖物理层、媒体接入控制层（MAC 层）、网络层的通信网络协议。

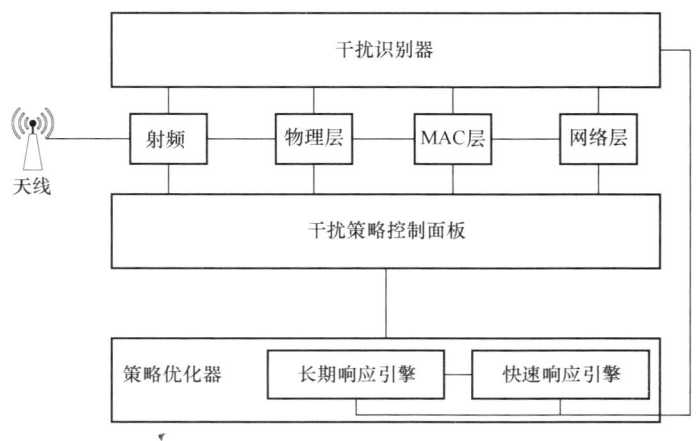

图 1.7　CommEx 的系统框图

1.2 "矛"之愈锐——通信电子战

从古至今，战争的永恒法则是：所有军事规划和作战行动的第一需求，就是设法窃取敌方的情报信息，获取并保持相对敌方的信息优势和知识优势，进而形成决策优势，最终获得军事优势。

由于无线电波具备开放性和无界性，因此通信在给己方带来便利、快捷的同时，也为敌方敞开了窃取情报信息和注入干扰信号的方便之门。因此，在通信应用于军事不久，立刻就出现了通过监听窃取情报及通过干扰扰乱通信取得战争胜利的通信电子战战例。

1.2.1 通信电子战的产生

1. 通信情报侦察与通信支援侦察

在通信发明的早期，通过对电台工作频率的搜索，很容易发现敌方的通信信号，经过监听，就轻而易举地得到了其通信内容，这称为"通信侦察"。

同样，在通信发明的早期，侦察接收机根据其天线在各个方向上接收到的信号强度（"场强"或"功率"）的不同，还可测出通信发射机（"辐射源"）辐射的信号方向（"方位线"），这称为通信测向。若经过多站（次）测向，就可逐步确定辐射源的地理位置，这称为"通信定位"。后来，随着技术的进步，还出现了更多的通信测向、通信定位方法，包括相位测向、阵列测向、频率测向、时差定位、频移定位等。由于通信测向与通信定位关系比较密切，因此通常统称通信测向与定位。从技术体制上说，通信侦察包含测向和定位的内容，但考虑到测向和定位在工作方式、关键技术、装备形态方面的特殊性，故一般分开阐述。

根据侦察结果使用方式的不同，通信侦察可以分为两类：若侦察结果是为了发现敌方辐射源并引导干扰或引导火力打击，则属于通信支援（CESM）侦察；若侦察结果是为了得到各种情报（如通信内容、敌方的电子战斗序列），则属于通信情报（COMINT）侦察。当然，从装备形态、关键技术等角度来讲，这两种侦察有诸多重叠、相通之处。例如，很多通信情报系统都兼具通信支援侦察功能，反之亦然，美国陆军的"预言家"系统就是典型代表（见图1.8）。

第 1 章 无线通信领域"矛""盾"之争回眸

图 1.8 "预言家"系统兼具通信情报侦察与通信支援侦察功能

为了使敌方不能轻易地对己方通信系统进行侦察、测向、定位，需要采用间断通信，加密或频繁变换通信频率、位置等方式来增加敌方侦察的难度。这样，作战双方在通信领域就展开了通信侦察与反侦察的斗争。电影《永不消逝的电波》所描述的就是通信侦察与反侦察的斗争。

2．通信干扰

无线电通信出现之后，技术发展很快，人们发明了加密手段，即使被对方搜索到通信频率并侦收到通信信号，破密也不容易。不过，通过密码专家，总能破解密码，仍可知晓通信内容，无非时间上有所耽搁而已。很多谍战影视剧都反映了破密的情形。再后来又出现了数字保密通信，即使侦收到信号，任何密码专家也无法破解通信内容，必须通过一系列高技术手段才有可能破译。除加密外，通信领域还涌现出了一系列先进的编码、调制样式，使得从信号中恢复内容并获取情报变得越来越艰难。

于是，就出现了这样一个问题：随着实时获取通信情报变得越来越难，乃至完全不可能，通信侦察该何去何从？战争的实时性要求不得不采取"即使侦听不到通信内容，也要让敌方通信不畅"的措施。让敌方通信不畅的最简单方法就是在找到其通信频率的同时，发射与之同频的干扰信号（如噪声调制的压制干扰信号或虚假通信内容调制的欺骗干扰信号），使敌方无法清晰地接收通信信号或被虚假内容欺骗，这就是"通信干扰"。在实施通信干扰的过程中，通信侦察的主要功能实际上是从通信情报侦察转向了通信支援侦察（通信干扰引导）。

为了使敌方不能轻易干扰己方，各种通信反侦察、抗干扰措施大量涌现，如采取低截获概率通信（如跳频、猝发通信）、低检测概率通信（如直接序列扩频通信）、天线调零、定向通信、功率控制等措施，使干扰效果大打折扣。于是，干扰方不得不基于侦察支援的结果生成最佳干扰样式，以及采取增大干扰功率、升空干扰、抵近干扰、帧结构薄弱环节针对性干扰等更强和更巧妙的干扰措施。

这样，作战双方就在通信领域展开了通信干扰与反干扰的斗争。

上述发生在通信领域内侦察与反侦察、干扰与反干扰的斗争，就是"电子战"的历史雏形与起源。

在第二次世界大战及其之后，在雷达、光电等领域也陆续出现了类似通信领域的斗争，使电子战的内容更加丰富，范围更加广泛（现在，水声对抗也归入电子战专业领域）。其中，在通信领域内进行的侦察与反侦察、干扰与反干扰斗争称为"通信电子战"。

1.2.2 通信电子战的内容

电子战主要是在通信、雷达、光电领域内展开的侦察与反侦察、干扰与反干扰的斗争，是作战双方在这些领域的博弈对抗，因此电子战又称为"电子对抗"，通信电子战也相应地称为"通信对抗"。本书采用"通信电子战"这一术语。电子战、通信电子战等的关系及主要组成部分如图1.9所示。

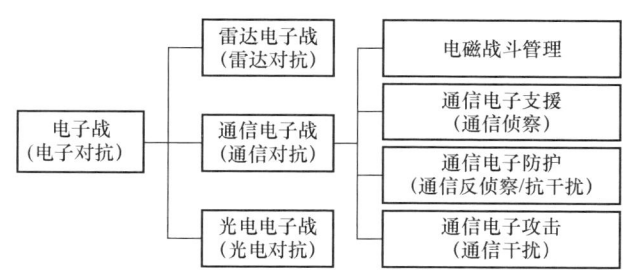

图1.9 电子战、通信电子战等的关系及主要组成部分

1．通信电子支援

电子支援的主要任务是：通过搜索、截获、识别、定位敌方各种电磁频谱信号，获取战略、战术情报；目的是迅速识别威胁，支援作战决策，规划未来行动，

为电子攻击或摧毁提供目标指示和打击引导，以实现"运筹帷幄之中，决胜千里之外。"

具体到通信领域，通信电子支援的主要功能包括作战支援（主要是干扰引导）和情报获取（通信情报侦察）两方面。

2．通信电子攻击

电子攻击的主要任务是：使用电磁能量（如激光束、干扰信号等）、定向能量（如射频武器、粒子束等）或反辐射武器（如反辐射导弹、反辐射无人机等）扰乱甚至火力打击敌方的电子设施、信息装备和人员，目的是降低、抑制或损毁其作战能力，阻止其有效使用电磁频谱。

具体到通信领域，通信电子攻击的主要功能是实施压制干扰或欺骗干扰，进而断敌连通、乱敌指控、破敌体系。

3．通信电子防护

电子防御的主要任务有两个方面：一是采取各种措施（如电磁辐射控制、电磁屏蔽、采用战时保留模式等）保护己方电子设施、信息装备和人员的作战能力并有效使用电磁频谱；二是提高己方信息装备本身抗干扰的能力（如电磁加固等）。前者是通过外部手段实现电子防御，后者是信息设备本身设计、制造的固有性能。

具体到通信领域，通信电子防护的主要功能可总结为"系统设计方面提高己方通信的固有反侦察与抗干扰容限，技战术运用方面提高己方通信反侦察与抗干扰针对性、灵活性、协同性"。

4．电磁战斗管理（EMBM）

通信电子战的电子支援、电子攻击、电子防护这三方面的作战能力在作战运用过程中需要进行有效管理、协调，以形成体系，达到"体系对抗"的预期作战目标。实现上述功能的最主要手段就是电磁战斗管理。根据美军《JP 3-85：联合电磁频谱作战》条令的定义，电磁战斗管理指的是"对电磁频谱中作战行动的动态监控、评估、规划和指导，以支援指挥官的行动方案"。

电磁战斗管理可实现所有通信电子战功能的协调指挥，可以有序开展己方的通信电子战行动。在实施过程中，电磁战斗管理是指挥官用来协调所有通信电子战行动的一种机制。电磁战斗管理通过电磁战斗管理系统来完成，该系统由指挥官规划、指挥和控制通信电子战行动所必需的设施、设备、软件、通信、程序和人员组成。电磁战斗管理可提供通信电子战态势感知、决策支持和指控等方面的支持。

1.2.3 通信电子战的特征

通信发展日新月异，对于通信方来说，没有"抗不了"的干扰；然而，通信电子战也不断发展，通信仍逃脱不了被侦察和被干扰的命运，因为"道高一尺，魔高一丈"，对于任何一项技术，总有一个对付它的办法存在，就是说对于干扰方没有"干扰不掉"的通信。通信电子战和通信这对"矛"与"盾"在长期对决中总是交替螺旋发展、不断提高。

通信电子战依赖通信而存在，伴随着通信的发展而壮大。从这个意义上讲，通信电子战的发展无可限量，永远是通信的克星。在信息时代的今天，通信已经成了现代军事、经济和社会活动不可或缺的重要内容，因而通信电子战自然也就受到了各国日益强烈的关注和重视。当然，通信电子战的作战效果还与其战术使用密切相关。

1．能力本质是"制传输权"

从通信用于军事目的的那一刻起，很自然地便产生了一个新的任务：要千方百计地保护己方通信的畅通，并力图使其效能得到充分发挥，同时还要千方百计地削弱、阻止和破坏敌方的通信。这就是"通信电子战"的主要任务。按照《中国大百科全书》的解释，通信电子战"就是为削弱、破坏敌方无线电通信系统的使用效能和保护己方无线电通信系统使用效能的正常发挥所采取的措施和行动的总称"。因此，通信电子战的实质就是作战双方为夺取战场信息优势，在通信领域中争夺信号和信息传输的控制权进行的为作战行动直接服务的活动。简而言之，通信电子战的能力本质就是"制传输权"。

2．核心作用是"攻击与情报"

从定义来看，通信电子战的核心作用可概括为"攻击与情报"。具体地说，若条件具备，则可从侦察到的通信信号的内部特征、外部特征、信息内容中得到相关情报，即通信情报获取；若获取情报的条件不具备，且作战过程中对于快速反应要求很高（如敌方采用猝发通信，这种通常称为"时敏目标"），则直接对敌方通信实施通信电子攻击，包括压制干扰、欺骗干扰、灵巧干扰、网络攻击等。

3. 终极目标是"对敌体系破击"

从电磁频谱内博弈的角度来看，电子战与其作战对象之间进行的是一种"体系博弈"，即"以己之体系，破击敌之体系"。然而，无论是指控系统，还是雷达系统等情报监视与侦察系统、GPS 等定位导航与授时系统、导弹等武器系统，乃至电子战系统本身，若要构建起有效的作战体系，都必须依赖通信与网络。从这种意义上讲，作为唯一一种以敌方通信与网络为主要作战对象的作战手段，通信电子战最终极的目标就是"对敌体系破击"。这是通信电子战区别于其他电子战手段的最显著特征，也是其极端重要性的体现。

1.3 "矛"与"盾"对决：通信电子战经典战例

120 多年来，侦听、破译对方通信内容，确定通信发射方（辐射源）方位，并在必要时对通信接收方进行干扰破坏，一直都是通信电子战的主要行动。一个个鲜活的战例无不充分说明，通信电子战如影随形地伴随着通信的发展而壮大，是通信与生俱来的冤家对头和克星，在多次战役中有力支援了指挥决策和作战行动。通信电子战的发展有着较为清晰的划代特征，无线电发明初期、第一次世界大战期间、第二次世界大战期间、冷战期间、冷战结束后等阶段都有着比较鲜明的特征。

1.3.1 无线电通信发明初期

1. 商场如战场：通信电子战首次崭露头角是用于商战

据记载，首次有意的无线电干扰不是发生在战场上，而是发生在"商场"上，目的也不是获得军事优势，而是赢得商业利益。

1901 年 9 月举行了美洲杯帆船赛，该项赛事与奥运会、世界杯足球赛、一级方程式锦标赛（F1）齐名，可谓举世瞩目。因此，对于新闻媒体公司而言，谁能首先报道比赛的进展情况，谁就能获得更大的经济利益。由于赛事在海上举行，只能通过无线电来报道比赛情况。因此，新闻媒体公司需要与无线电公司签订合同，美联社选择了马可尼公司，出版者协会则选择了美国无线电话电报公司。

然而，美国无线电话电报公司却没有找到资助单位，于是决定自己干。该公司研制了一种比其竞争对手功率更大的无线电发射机，并研制了一种简单的编码方式，即发射机每隔一定时间发送一个 10 秒钟的长划，表示美国快艇"哥伦比亚"（Columbia）号领先；发送两个长划则表示英国快艇"沙姆罗克"（Shamrock）号领先；发送 3 个长划则表示两快艇并驾齐驱、不相上下。在比赛过程中，美国无线电话电报公司用此发射机既实时报道了比赛进展情况，又干扰了其他公司发送的信号。

最终，只有该公司及时、准确地报道了比赛情况，从而得到了丰厚的经济收益。比赛结束后，美国无线电话电报公司研制发射机的工程师得意地说："当赛艇冲过终点时，我们将重物压在电键上，使发射机一直处于发射状态，直至 1 小时 15 分后电池电量耗尽。我们发送了一个世界上从来没有过的长划。"

正所谓商场如战场，虽然通信电子战首次崭露头角是从"商场"开始的，但很快就真正走向了战场。

2．攸关战争成败：日俄战争中的两次通信电子战

1904 年 2 月，日俄战争爆发，1905 年 9 月战争结束。此次战争期间，通信电子战正式用于战场，且"出道即巅峰"，让全世界充分见识了通信电子战的巨大威力及对战争成败的巨大影响力。

1）初战告捷，通信电子战走上历史舞台

战争初期，1904 年 4 月 14 日凌晨，日军的"春日"号和"日进"号装甲巡洋舰准备炮击俄军停泊在旅顺港（当时旅顺港被俄军占领）的军舰，但这些军舰位于内航道，在开阔的海面上看不到。因此，日军派出一艘小型驱逐舰停泊在靠近海岸的有利地点观察弹着点，用无线电报向巡洋舰发送射击校准信号。然而，日军发出的校准无线电信号被俄军岸基无线电台的报务员截获，该报务员意识到这个信号的重要性，因而立即用火花发射机（这是当时的主流无线电发射机，见图 1.10）对其进行干扰。日舰得不到目标位置信息，炮手只能盲目射击。结果，

俄军舰艇无一损失，日军见炮击无果，只能撤出战斗。

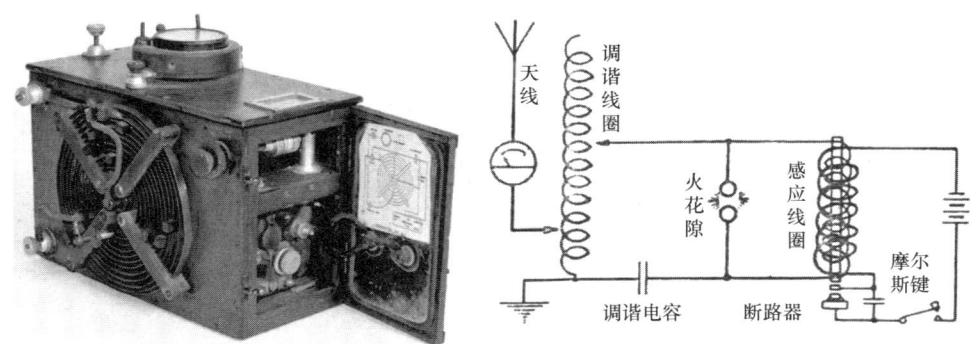

图 1.10　火花发射机及其构成

此次通信电子战实施过程示意如图 1.11 所示。尽管此次冲突的烈度很低，且通信干扰的规模很小，但意义重大——开启了实战型通信电子战的新纪元，同时也开启了实战型电子战的新纪元。

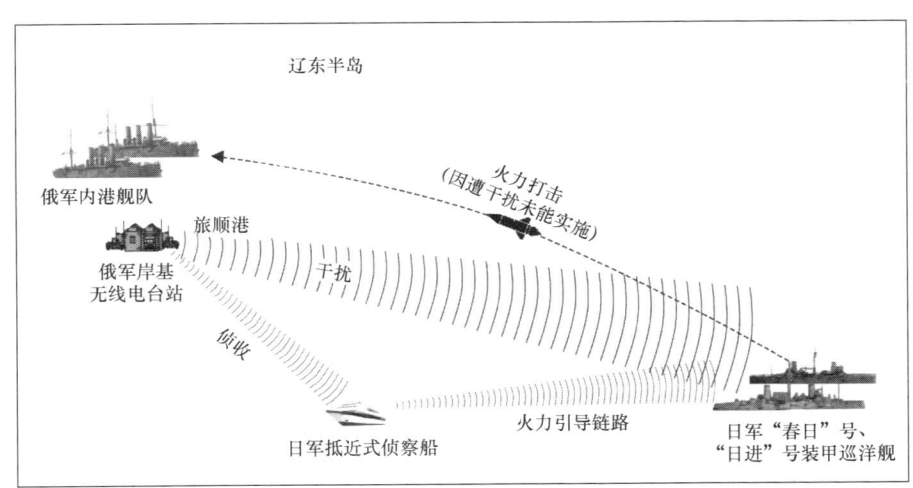

图 1.11　日俄海战中的通信电子战实施过程示意

2）再战弃用，招致灭顶之灾

战争后期，1905 年的对马海战（日本联合舰队与俄罗斯帝国的波罗的海舰队在对马海峡开展的一场大规模海战）成为日俄战争的转折点，经此一战，俄军再无反击能力，最终一败涂地。

对马海战的背景如下：日俄战争前期的一系列冲突导致俄军远东海域的军舰

损失严重，因此俄军高层紧急将波罗的海舰队调往远东，该舰队途经对马海峡时遭遇了日军伏击。此次海战的结果是俄军波罗的海舰队的 59 艘军舰仅 3 艘逃到海参崴，俄军舰队司令罗泽斯特文斯基被俘，俄军彻底失去了翻盘机会。

对马海战俄军的溃败有多方面原因，但"不重视通信电子战乃至弃用通信电子战"无疑是最主要的原因之一。当时，日军比俄军更有效、大量地使用了无线电，以东乡平八郎为司令官的日本联合舰队使用了电子侦听手段，监听俄军舰队的无线电通信，并使用商船进行监视，从而掌握了俄军舰队的航行路线。俄海军更多的则是采取隐蔽措施，防止暴露舰船位置，无论在哪里，都尽可能保持无线电静默，仅对日军的无线电发射信号进行侦听、分析，很少对其进行干扰。

1905 年 5 月中旬，俄军波罗的海舰队在舰队司令罗泽斯特文斯基上将带领下进入我国东海海域，并准备隐蔽通过对马海峡。日军舰队在对马海峡建立了严密的监视系统：由定点部署的舰只进行连续巡逻，将一艘战舰部署在对马海峡南端，作为海上巡逻舰与港内指挥部之间的中继站。可见，日军作战计划的成败，取决于其能否提前发现敌舰并用无线电快速告警，否则一旦俄军舰队顺利通过海峡到达海参崴，会对日军十分不利。俄军舰队司令认为，如果使用无线电通信就可能因被日军窃听而泄露舰队位置，因此下令保持彻底的无线电静默。

1905 年 5 月，正在巡逻的日军"信乃丸"号巡洋舰发现了俄军舰队，便立即用无线电向旗舰上的东乡舰队司令报告。这时，许多俄军舰队的报务员都侦听到了"信乃丸"号向其旗舰呼叫的无线电告警信号，俄军舰队"乌拉尔"号舰长认为，既然已经被敌方发现，再保持无线电静默已无意义，并与无线电报务员商量干扰"信乃丸"号的无线电信号。他们认为，只要连续发射与日军舰队频率相同的信号就足以干扰其通信联络，阻止其将观察到的俄军舰队情况通报出去。于是，"乌拉尔"号舰长及时用旗语（无线电静默期间通常使用旗语交流）向旗舰司令提出实施无线电干扰的建议。然而，舰队司令回答，"不要阻止日军舰队发射信号"。正是这一决定让整个舰队走向了万劫不复的境地。

"信乃丸"号继续进行跟踪观察，连续不断地将俄军舰队的组成、航线、位置、速度等重要情报报告日军舰队司令，使日军有足够时间调动部队，进行周密部署，做好迎击准备。最终，俄军波罗的海舰队进入了日军舰队在对马海峡设置的伏击圈并遭受毁灭性打击。最后，只有 3 艘军舰逃到海参崴，其他未被击沉的战舰投降,数千名官兵阵亡,舰队司令罗泽斯特文斯基被俘。对马海战的溃败也直接导致日俄战争中俄军的整体失败。

综合日俄战争中这两次战例,可清楚地看出:通信电子战不仅仅是一种辅助手段,而是一种攸关战争成败、士兵生死的核心作战手段。

1.3.2 第一次世界大战期间

1. 通信情报主导战争走向:俄德战争中的通信情报

1914年,第一次世界大战爆发。这时,在各帝国主义国家的军队中,无线电通信已普遍使用。在作战指挥方面,通信发挥着越来越重要的作用,通信电子战的威力也日益为人们所认识。

俄德战争一开始,俄国第1集团军和第2集团军的65万人大军,兵分两路,向德国大举进攻。当时,德国在东北战线抵抗俄军的只有第8集团军,眼看难以抵挡俄军的进攻。1914年8月20日深夜,德军通信兵侦收到俄军的无线电报,掌握了俄军部署情况和整个作战计划。俄军这么重要的电报竟然是用"明码"(即未加密)拍发,这真让德第8集团军的参谋长不敢相信,怀疑这是俄国人搞假情报欺骗。熟悉俄国情况的德军上校霍夫曼知道,俄国虽是无线电通信发明地之一,但俄军将领缺乏对新技术的认识,没有电子战的起码知识,完全想不到空中传播的信号会被窃听,所以军中根本没有密码人员。在霍夫曼的忠告下,1914年8月26日,德军制订了新的作战计划,并很快完成部署,在俄国第1、2集团军空隙只留了一道单薄的屏障兵力,将其他兵力全部用来对付俄国第2集团军。

战斗一打响,俄国第2集团军在坦伦堡附近遭到德军的猛烈围攻,损失惨重。第二天,德军以俄军名义用无线电台发了一道撤退的假命令,俄军立即一窝蜂地向后溃逃,第2集团军很快瓦解,绝望的集团军司令萨松诺夫自杀。紧接着,德军又掉头向俄国第1集团军发起攻击,第1集团军也遭到了覆灭的命运。在这一战役中,俄军伤亡和被俘近30万人,而德军仅付出了伤亡1万人的代价。霍夫曼上校因功晋升为少将军衔,并担任德军东线参谋长。

此战后,俄军加强了无线电管理,禁止发明码电报。但这又引起了意外反应,俄军将领认为俄国第1、2集团军的覆灭是使用无线电台引起的,而没有认识到这是没有正确使用无线电通信的结果。于是,在一些部队中停止使用无线电台,这又使俄军在作战中指挥不力。1915年2月，俄军向边境撤退时，有些部队先将无线电台送到后方，从而使撤退部队失去了指挥，遭到了更大的失败。

第一次世界大战期间，由于通信系统非常简易，信号处理能力非常原始，因此，通信电子战的主要功能就是获取通信情报，进而支撑战略、战役、战术等各层级决策。该阶段，通信情报与反情报的能力通常可以直接决定战争的走向。

2. 海上突围：地中海战役中通信干扰大放异彩

第一次世界大战期间，另一场通信电子战战例出现在地中海海战中。

英国对德国宣战不久，在地中海航行的德军巡洋舰"格贝恩"号和"布莱斯劳"号被英国"格洛斯特"号巡洋舰跟踪。"格洛斯特"号的任务是把德舰的所有活动用无线电通报给伦敦的海军部，然后由海军部下令地中海舰队实施拦截并击毁这两艘德舰。

德国巡洋舰的无线电报务员侦听到了"格洛斯特"号与其海军部的无线电通信联络信号，识破了英军的意图，并用自己的无线电设备果断地发射与英军频率相同的强噪声信号，英舰几次改变频率，但都无法通信。德舰则趁机突然改变航线并全速航行，摆脱了英舰的跟踪，顺利到达其友好国家土耳其的达达尼尔水域。英军舰队企图摧毁德舰的目标未能实现。

此次通信干扰的实施，与1904年日俄战争中的第一次通信电子战实战异曲同工，只是明显可以看出，此时军方对无线通信、通信电子战的理解更加深入，已具备干扰与抗干扰意识，知道通过切换频率来缓解干扰影响。

1.3.3 第二次世界大战期间

1. 山本五十六之死：通信情报泄露引发的血案

1942年5月，太平洋战争爆发后的中途岛战役中，美国截获并破译了日本海军"MO"军事行动的通信情报，对日海军舰队实施了毁灭性打击。中途岛战役之前，美军搜集、破解日军信息的行动代号"魔法"（Magic），成功破译了日军代号为JN-25、JN-25a、JN-25b的信息。1942年5月14日，美国破解的JN-25b消息内容为"向AF大规模入侵"。然而，美军不知道"AF"具体指代的是中途岛还是阿留申群岛。于是，美军故意从中途岛发了一条消息，说岛上的海水淡化系统坏了。此后不久又截获日军的 JN-25b 消息，内容为"AF 缺水"。这样，就确定了"AF"代指中途岛。最终，美军提前在中途岛做好了充分准备，在中途岛海战中取得大胜。中途岛战役也成为太平洋战争的转折点。

1943 年 4 月 13 日，美军又截获了日军一条 JN-25 消息，这条消息中包含了日军海军总司令山本五十六的未来 5 天的行程，得知其与多名参谋部高级军官计划于 1943 年 4 月 18 日飞抵布干维尔岛。这一天，美军派出一个由 16 架 P-38 飞机组成的编队（飞行员中有 4 名王牌飞行员），在山本五十六乘坐的飞机降落前 10 分钟进行拦截，并将山本五十六乘坐的飞机击毁，飞机连人坠落在原始森林之中。这条消息是一名美国海军陆战队上尉阿尔瓦·拉斯韦尔（Alva Lasswell）截获的，他也因此被称为"信号情报狙击手"。

2．兵者，诡道：诺曼底登陆中的通信欺骗

在第二次世界大战结束前，欧洲盟军破译了德军的"迷"式（Enigma）高级密码系统（见图 1.12），搞清了德军 40 多个师的地理位置，准确的情报和同时采取的欺骗干扰，使盟军在诺曼底及周边地区取得了出其不意的登陆效果和决定性的优势，为反攻欧洲的"霸王行动"胜利发挥了关键作用。

图 1.12　德军的"迷"式（Enigma）高级密码系统

1.3.4 冷战期间

1. 向通信电子战投降：英阿马岛海战中的通信干扰

在 1982 年英国与阿根廷的马尔维纳斯群岛（英国称福克兰群岛）之战中，英军的通信电子战系统切断了阿根廷驻马岛守军与南美大陆之间的通信联络，在得不到任何指令的情况下，驻马岛的阿根廷守军未经大战便向英军投降。应该说，在这次英国创造的现代战争史上岛屿攻防战中以少胜多的奇迹中，通信电子战功不可没。

2. 通信电子战实现体系破击的初次尝试：贝卡谷地空战中的跨代碾压

1982 年 6 月 9 日，爆发了电子战领域著名的叙（利亚）以（色列）贝卡谷之战。当叙利亚导弹把以色列第一批作为诱饵的"猛犬"无人机打下来时，其指挥通信频率就被以军截获。随后，以色列的作战机群在 RC-707 通信干扰飞机支援干扰和 E-2C 预警机、F-4G 反雷达飞机的配合下，发起猛烈攻击，仅用时 6 分钟，在未损失一架飞机的情况下，就摧毁了叙军 19 个防空导弹营，击落叙军 80 架战斗机，创造了利用通信电子战系统压制敌防空指挥通信网而大获全胜的范例。贝卡谷之战示意如图 1.13 所示。

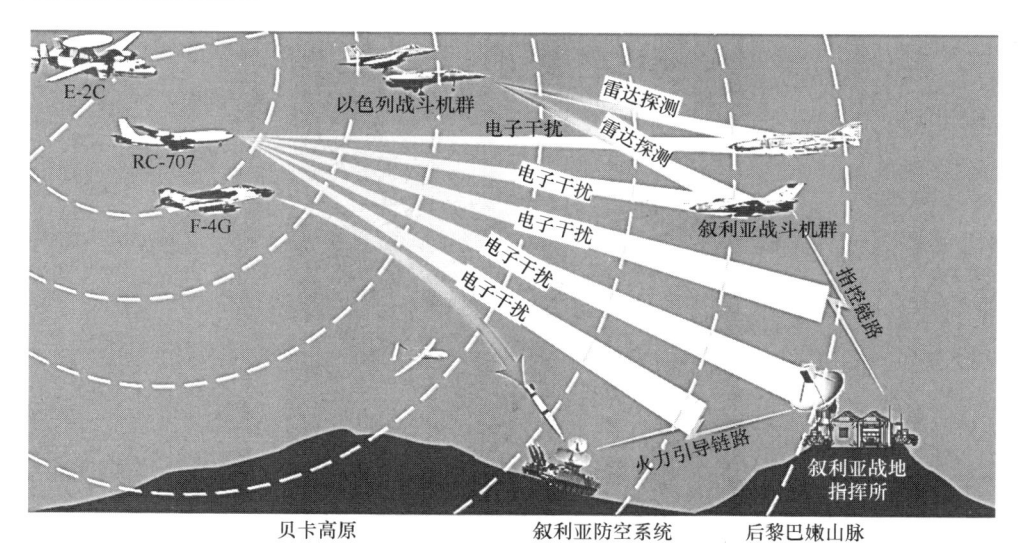

图 1.13 贝卡谷之战示意

战事一结束，美国就立即派了一个军事代表团到现场进行评估。时任美国国防部副部长（后任国防部长）佩里非常感慨地说："我们终于认识到，如果干扰掉敌人一部雷达，仅破坏了一件武器；但如果干扰掉敌人的指挥、控制与通信（C^3）系统，就破坏了成群的武器系统。"通信电子战这一作战效果的显露，使其立即得到西方各大国的空前重视和快速发展。

贝卡谷之战在电子战领域有着极其重要的意义。

首先，充分体现出了通信电子战的体系破击作用，可视作现代化战争历史上以通信电子战实现体系破击的首次尝试。

其次，从作战双方的力量配置来看，以色列已进入信息化战争时代（预警机、电子战飞机、无人机等成为标配），而叙利亚仍停留在机械化战争时代（强调火力系统与火力平台），因此，这也是一次"信息化战争对机械化战争的跨代碾压"。

3．综合电子战的崛起：海湾战争中的通信电子战

1991年1月17日，以美国为首的多国部队发动了打击伊拉克的海湾战争。海湾战争分为三个阶段：代号为"沙漠盾牌"的战前准备阶段、代号为"沙漠风暴"的空袭阶段、代号为"沙漠军刀"的地面战争阶段。在这些阶段中，通信电子战始终得到充分运用并取得良好效果。

在"沙漠盾牌"阶段，多国部队严密组织了陆、海、空、天一体化信号情报网络。在太空，为截获伊拉克的通信情报，美军利用"大酒瓶""旋涡""折叠椅"等电子侦察卫星侦听伊拉克的超短波和微波通信，据称可窃听伊军小分队之间的电话交谈情况；利用"白云"海洋监视卫星侦察伊海军舰艇通信和测定舰艇的位置、航向与航速。在空中，利用RC-12D"护栏"通信侦察飞机、EC-130H"罗盘呼叫"和EA-6B"徘徊者"电子战飞机、EH-60A"快定"通信电子战直升机和一些信号情报侦察飞机及无人侦察机，侦听伊拉克的战略、战术通信。在地面，美国把设在中东和地中海的39个地面电子侦察站组成一个信号情报侦察网，远距离截获伊拉克的通信情报。美国陆军的军、师和旅分别编制了军事情报旅、营、连作战序列，配备了AN/TSQ-112、AN/TSQ-114（V）2、AN/TRQ-32（V2）等通信侦察系统，迅速查明了伊拉克所有高频（HF）、甚高频（VHF）、特高频（UHF）、超高频（SHF）通信频率、信号特征和电台位置，标定了伊军通信枢纽、指控中心、

军事首脑机关等位置，为制订通信电子战作战计划和战时实施强烈的通信干扰及空袭作战创造了条件。

在"沙漠风暴"阶段，通信电子战贯穿始终。空袭开始前约9小时，多国部队专门实施了代号为"白雪"的电子战行动，出动了EF-111A、EA-6B和EC-130H等电子战飞机，并结合地面AN/MLQ-34等大功率通信干扰系统，对伊拉克通信实施全面的"电子轰炸"，完全瘫痪了伊军的指控中心和通信枢纽，不仅阻止了伊军获得多国部队频繁的军事行动情报和通信内容，还阻止了伊军组织防空部队和空军部队采取相应防御对策。在这种大功率压制性干扰下，伊拉克通信全部陷入瘫痪，广播电台、电视台也无法工作。空袭开始后，EC-130H"罗盘呼叫"通信电子战飞机被部署在距轰炸目标约130km的斜上空，沿田径跑道般的航线飞行，执行远距离干扰任务，压制伊军指控中心与雷达站、导弹防空阵地、空军机场的指挥通信；EF-111A、EA-6B电子战飞机、F-4G反辐射攻击飞机与空袭飞机组成联合编队（电子战飞机约占20%），执行随队掩护支援干扰任务，近距离压制地面防空火力的制导或瞄准系统及指控与通信。同时，参加空袭的A-6、A-7攻击机本身还装备了自卫通信干扰机，在实施攻击的过程中，干扰伊拉克的防空通信网和地对空导弹系统通信网，破坏伊军防御指挥。另外，美军还利用导弹向巴格达投掷大量的小型通信干扰机，对巴格达周围数百千米范围内实施从高频到甚高频频段的拦阻式压制干扰。在通信电子战支援下，经过一个月的空袭，伊拉克3/4的指控系统被摧毁，巴格达至科威特的通信全部被切断，雷达开机率下降了95%。

在"沙漠军刀"阶段，多国部队通信欺骗战术运用得十分巧妙和成功。在继续强烈空袭和干扰破坏伊军的指控中心和通信系统的同时，为秘密地将地面部队从正面迂回到西部侧翼，多国部队使用大量的电磁辐射进行电磁佯动，给伊军造成将要从科威特和沙特边界、科威特海岸外大规模正面进攻的假象。在多国部队按计划迂回成功并发起地面进攻后，AN/TSQ-112、AN/TSQ-114（Ⅴ）2、AN/TRQ-32（V2）等地面通信侦察系统和AN/TLQ-15、AN/TLQ-17A（Ⅴ）、AN/MLQ-34 TACJAM等通信干扰系统随部队一起行动，侦察、干扰伊军第一梯队的战术通信；RC-12D"护栏"通信侦察飞机和EH-60A"快定"通信电子战直升机侦察、干扰纵深的第二梯队通信，阻止伊军重新集结和后续部队的支援，破坏了伊军协同作战和变更部署。

EC-130H "罗盘呼叫"通信电子战飞机则采用大功率干扰压制巴格达与前线的纵深通信。

这一切使伊拉克军队成了一盘散沙，从总统到战场指挥官都成了"哑巴"，发不出任何指令；而战场上的部队，则成了"聋人"和"盲人"，什么命令也听不到，什么战况也看不到。

海湾战争中的通信电子战综合采用了陆、海、空、天立体化手段，侦察、压制、欺骗等多种方式，意味着综合型通信电子战的崛起。

1.3.5 冷战结束后

自海湾战争以来，以美国为首的各发达国家，大幅拓展了信息技术在军事领域的应用深度和广度，提升了在情报、攻击、指挥和控制等各方面的能力。无论是在太空、空中、地面还是在海上，卫星、预警机、侦察机、直升机、侦察船、地面部署的雷达和通信侦听设施，以及渗透到敌方的特种部队人员，构成了美军完备的信息侦察预警系统；陆基、海基和空基平台发射的巡航导弹、反辐射导弹和精确制导炸弹构成了直接杀伤和摧毁重要目标的硬杀伤信息化武器系统；各种电子战飞机、心理战武器、高能微波武器等则构成了战争中的软杀伤武器系统。

1．网电一体战的萌芽：科索沃战争中的通信电子战

以美国为首的北约借口南联盟对科索沃的阿尔巴尼亚民族采取了镇压措施，于1999年3月24日开始了代号"联盟力量"的为期78天的大规模军事干涉。

此前，美国已调集了50多颗（光学/雷达）成像侦察卫星、电子侦察卫星、通信卫星及电子侦察飞机等对南联盟境内进行了详细的侦察和定位，得到了大量的山川地貌、通信枢纽、电力设施、兵力部署、导弹阵地、指控中心、要人住所等情报信息。

开战后，除侦察卫星和侦察飞机继续全天候监视外，美军的 E-2C 预警机，EA-6B、EC-130H 等电子战飞机轮流在南联盟上空进行长时间连续侦察，并实施几乎覆盖全频段的干扰压制。另外，还向作战地区投掷一次性通信干扰设备和强电磁脉冲炸弹，干扰南联盟的通信系统和指控体系，摧毁南联盟的侦察监视和指控与通信系统。这样，使南联盟的防空、指控和通信体系全部瘫痪，广播电视甚

至也被切断，连我国驻南联盟大使馆与外界联系的电话也不能幸免。随后，美军的 B-52、F-117 等轰炸机群在侦察卫星和电子侦察飞机的侦察引导下，对南联盟重要目标发射了大量精确制导炸弹和巡航导弹，将通信枢纽、电力设施、导弹阵地、指控中心等夷为平地，对要人住所也实施定点清除，甚至还对我国大使馆进行了导弹袭击。

在美军及其北约盟军地面部队尚未入境的情况下，南联盟已失去了全面抵抗能力，因为从总统到军队司令，从战场指挥官到普通士兵，相互之间的通信均已中断。但南联盟军民仍同仇敌忾，在俄罗斯的帮助下，利用一些包括通信对抗在内的电子战手段，展开了灵活多样的斗争。例如，1999 年 3 月 27 日，南联盟侦察发现并用防空导弹击落了一架美军最为骄傲的 F-117 隐身飞机（直接导致该飞机退役）；还有一次使美军从航母上起飞的作战飞机受 GPS 干扰后无法回到航母，不得不降落到意大利的备用机场。另外，南联盟黑客还利用 ping 数据包"炸弹""梅莉莎""疯牛"等病毒发起网络攻击，如 1999 年 4 月 4 日，使美军及北约联军的通信系统、作战单元的电子邮件系统一度陷入瘫痪，迫使其采取升级服务器、增加通信线路带宽、关闭部分通信网络服务器功能等措施。不过，南联盟的电子战力量与美国相比，明显处于劣势。

此次战争中，美国及其北约盟国以空天地综合一体化的多层次、多平台、多系统信号情报侦察为先导，以电子战飞机为主要突击作战力量，先发制人地攻击并压制了南联盟的指挥、控制与通信（C^3）网和防空系统。此外，美国及其北约盟国还使用石墨炸弹等新概念武器和网络攻击手段对南联盟的信息基础设施（包括电力网）实施了范围广泛的攻击，致使其无线通信甚至有线电话通信几度中断。

因此，科索沃战争的重要意义在于，信息战和网络对抗初登战争舞台。首先，科索沃战争实际上是一场信息战，美国及其北约盟国的电子战攻击行动和南联盟的电子防护行动都是这场信息战的重要组成部分。其次，这场战争中还有一条看不见的战线，那就是网络战：北约利用互联网对南联盟进行在线宣传、攻击和偷袭；南联盟利用互联网突破封锁，进行反击和传递情报。

2. 体系破击的成熟：伊拉克战争中的通信电子战

进入 21 世纪以来，美国先后发动了阿富汗战争（2001 年）和伊拉克战争（2003 年）。这两场战争是在其信息战理论发展基本成熟和军队信息化建设已有相当规模情况下进行的，充分展现了现代战争中以信息为主导、全面试验网络中心战思想的信息化战争模式。从电子战领域来看，美军此时已经开始意识到了体系化作战的重要性，不断尝试以网络中心战为指导理念构建起一个网络化协同的电子战体系，来破击敌方电子信息体系。这种体系破击理念在这两场战争中不断成熟。

例如，在2003年的伊拉克战争中，美军以天基卫星系统（由各种导弹告警卫星、光学成像卫星、雷达成像卫星、电子侦察卫星、海洋监视卫星、通信卫星、导航卫星等组成）为基础、全球信息传输网（由卫星通信、数据链、各军种现役和在建通信网等组成）为纽带，构成了一个功能强大的能满足陆、海、空、天多维战场实现多平台信息感知和获取、传输和交换、处理和利用、影响与攻击的战场作战体系。该体系将从远在卡塔尔的司令部到卫星、飞机、舰船、坦克等陆、海、空、天各类作战平台及其承载的电子战、雷达、通信、导航、敌我识别、测控、无线电引信等信息装备和武器系统，以及作战人员、后勤保障等所有作战单元都连成了一个有机的整体，它们能近实时地获取、传输、交换、处理、利用、影响、攻击信息，共享战场信息资源，使美军自始至终在部队指挥、进攻协调等各方面都占有绝对优势，掌握绝对的信息控制权（制信息权），因而也就掌握了战场的主动权。战争只用了不到一个月时间，伊拉克20余万人的军队就被彻底摧垮。这充分体现了形成合力的作战体系（含网络化协同电子战作战体系）的威力。

伊拉克战争爆发前后，美军一直十分重视天基和空中侦察，充分收集各方面的情报信息。

在天基侦察体系中，美国使用 3 颗 KH-12 "锁眼" 照相卫星（每天过境两次）、2 颗 "长曲棍球" 雷达成像卫星（每天过境 6 次）、1 颗 "增强型成像卫星" 及 "伊克诺斯-2" 商用卫星等共 10 多颗各类侦察卫星，每天对伊拉克保持 2 小时以上的监视；使用 3 颗 "入侵者" 电子侦察卫星、12 颗第二代 "白云" 海洋监视卫星加入寻找萨达姆等高层官员的行动；另外，使用 5 颗第三代国防支援计划预警卫星（DSP-3）、国防卫星通信系统（DSCS）、"军事星"（Milstar）系列通信卫星、GPS 导航卫星、国防气象卫星计划卫星等协同完成天基侦察任务。

在空中侦察体系中，使用了 U-2S、EP-3、E-2C、E-8、E-3A、RC-135 等侦察

飞机、预警飞机，以及 RQ-1 "捕食者"、MQ-4 "全球鹰"、"银狐"（Silver Fox）等无人侦察与打击飞机，联合协同执行对地、空、海的侦察任务。

战争爆发后，美国对伊拉克进行了长时间的压制式干扰。在伊拉克上空部署的 EA-6B 电子战飞机、EC-130H 电子战飞机，在不到一个月的时间内，出动了 220 架次，飞行 2000 余小时，对伊拉克电子设备和通信设施实施强烈、长时间的干扰，并配以电磁脉冲炸弹，彻底摧毁了伊拉克的行政和军事指挥体系，使包括广播、电视、移动通信在内的全部电子信息系统瘫痪。自空袭开始，伊军最高统帅部与下属部队的无线电通信就完全中断，伊拉克政府新闻部长多次发布互相矛盾的新闻，也证明了他们根本无法与分散在各地的部队取得联系，得不到真实的信息。

美军的作战体系在战争中具备绝对优势。在美军部队展开攻击的同时，坐在中央司令部里的高级指挥官们可以通过显示屏"轻易"地做出实时的战斗部署。因此，时任美军参谋长联席会议主席迈尔斯上将说："伊拉克战争标志着美国新的作战模式的诞生。由于提高了对情报和作战详细情况的共享程度，因此各军种面对战场上不断变化的形势，能够更加迅速灵活地做出反应。"

伊拉克战争表明，美军之所以能在伤亡很少的情况下短时间内攻占巴格达，体系作战的通信电子战立了奇功。通信电子战战场本身虽无硝烟，但其产生的效果却比真刀实枪的战场大得多，为夺取战场信息优势、取得战争胜利起到了举足轻重的作用。

3．电磁静默战的兴起：低功率到零功率作战

2021 年 8 月，美军全面从阿富汗撤离，标志着美军持续了约 20 年的反恐战争结束。美军的顶层战略也迅速从非常规战争向大国竞争转型。然而，从电磁频谱内的博弈方面来看，美军发现自己处于比较尴尬的境地：首先，大国竞争对手军事实力要远远超过恐怖组织，因此，美军原本开发的很多专门用于反恐的通信电子战装备（如各种反简易爆炸装置电子战装备，见图 1.14）已无法满足需求；其次，由于美军在大国竞争中必须采取远征作战模式，因此大国竞争对手较之美军而言天生具备"本土优势"，美军的很多电磁频谱系统必须尽可能采取电磁静默模式（低功率到零功率模式），美军必须全面提升技战术以应对这种静默式电

磁作战环境。多方面原因催生出了电磁静默战/低功率到零功率作战这种新作战样式。

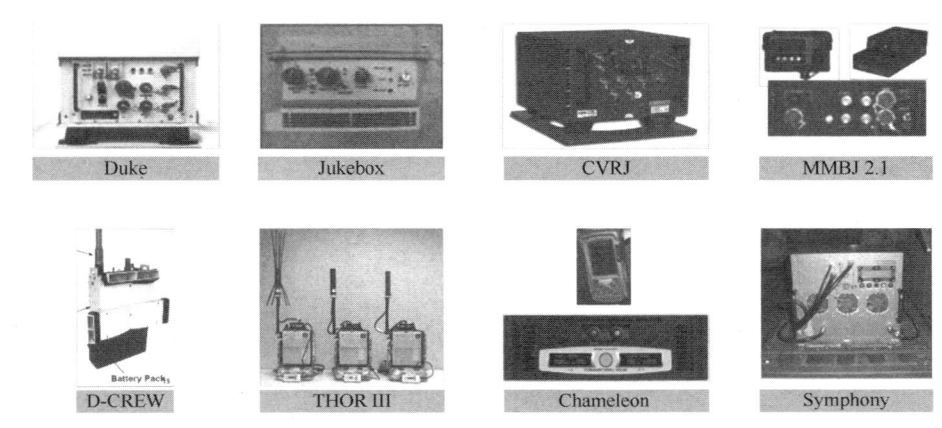

图 1.14　美军"反恐专用"通信电子战系统

为了在大国竞争中树立优势地位，美军在电磁静默战方面提出了一些新的作战概念，如采用低功率电子战系统来对抗敌方有源和无源传感器；使用低截获概率/低检测概率传感器和通信系统，从而降低美军"被反探测"（counter-detected）的概率。

可见，所谓"电磁静默战"，指的是战场上所有军用设备均不再主动辐射或者隐蔽辐射电磁信号。例如，雷达不再开机或转向无源雷达，通信系统也不能如当前一样"明目张胆"地传输信息，而采取隐蔽通信新模式。若未来的战争真的是"电磁静默战"，则攻防双方所应关注的核心问题就只剩下两个：如何发现处于电磁静默状态的敌方目标？如何在确保正常工作的情况下实现己方电子信息系统的电磁静默或电磁隐蔽，以防被敌方定位？

美国海军在电磁静默战方面已经进行了多次尝试。2013 年 7 月，美国海军牵头举行了"三叉戟勇士 2013"演习，演习期间进行了电磁静默战场景下的远距离、无源精确瞄准能力（"无源"指的是不发信号），即在使用任何雷达等需要发射信号的装备的情况下，发现目标、跟踪目标、引导火力打击目标。演习配置如图 1.15 所示。2013 年以后，每两年美国海军都会对这种能力进行演示、完善、推进，分别于 2015 年舰队实验（FLEX-15）、2017 年舰队实验（FLEX-17）、2019 年舰队实验（FLEX-19）中演示了相关能力。

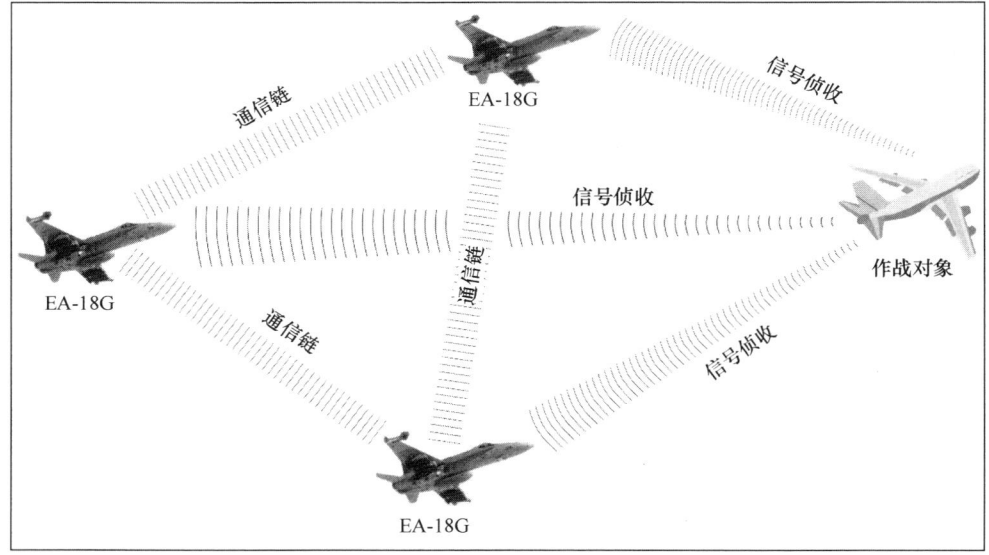

图 1.15　电磁静默战场景下的无源精确瞄准能力演习配置

参考文献

[1] 万芳. 关于电压、功率、电压电平、功率电平及其换算和应用[J]. 电子质量, 2012(5)：36-39.

[2] LOUIS E, FRENZEL J. Principles of electronic communication systems[M]. Fourth Edition. New York: McGraw-Hill Education, 2016.

[3] Harris Corporation. Radio Communications in the Digital Age: Vol 2: VHF UHF Technology[M]. FL: Harris Corporation, 2008.

[4] 楼才义. EW 103：通信电子战[M]. 北京：电子工业出版社，2017.

[5] 吴汉平. 通信电子战系统导论[M]. 北京：电子工业出版社，2003.

[6] Artem Saakian. Radio Wave Propagation Fundamentals[M]. Second Edition. Boston/London: Artech House, 2021.

[7] 樊昌信，曹丽娜. 通信原理[M]. 7 版. 北京：国防工业出版社，2012.

[8] 张春磊，以有心. 算无意——浅论认知电子防护[J]. 通信电子战，2017(3)：5.

[9] 陆安南，尤明懿，江斌，等. 无线电测向理论与工程实践[M]. 北京：电子工业出版社，2020.

[10] 陆安南，尤明懿，江斌，等. 无线电定位理论与工程实践[M]. 北京：电子工业出版社，2023.

[11] 通信电子战编辑部. JP3-85：联合电磁频谱作战[R]. 嘉兴：中国电子科技集团公司第三十六研究所，2020.

[12] 张春磊，王一星，陈柱文. 网络化协同电子战[M]. 北京：国防工业出版社，2023.

[13] 中国人民解放军总参谋部第四部. 电子战行动 60 例[M]. 北京：解放军出版社，2007.

[14] CRAIG P B. Secret History-The Story of Cryptology[M]. Second edition. Oxford: CRC Press, 2021.

[15] 通信电子战编辑部. 电波制胜：重拾美国在电磁频谱领域的主宰地位[R]. 嘉兴：中国电子科技集团公司第三十六研究所，2015.

[16] 张春磊，杨小牛. 从"电磁静默战"到"电磁环境利用"[J]. 信息对抗学术，2017(3)：4-7.

第 2 章
通信电子战概说

第 1 章已经介绍，通信电子战的主要任务是对敌方通信实施侦察、测向定位、干扰。也就是说，通信电子战通过搜索、截获、分析、识别、参数测量等通信侦察手段，获取敌方通信情报，引导测向或定位设备确定敌方通信辐射源的方向（指向线，LOB）或地理位置，再经信号处理、数据融合形成战场电磁态势，提供给决策系统；必要时，引导干扰设备对敌方通信实施干扰，甚至引导反辐射武器、高功率微波武器等对敌方通信辐射源实施硬摧毁。总之，通信电子战的目的是获取战场通信情报，进而对敌方通信实施干扰，使敌方指挥官、士兵成为"聋人"。

多年来，电子战（特别是通信电子战）始终是各国十分敏感的话题而处于高度保密状态。这导致电子战对绝大多数人而言是十分神秘的领域。人们对电子战了解甚少，对通信电子战则了解更少。因此，本章旨在揭开通信电子战的神秘面纱，一窥其工作流程、主要作用及对现代战争的巨大影响。

通过本章介绍，读者会发现，通信电子战原理其实并不难懂，简而言之就是：以通信侦察发现目标，以测向定位锁定目标，以通信干扰攻击目标，以综合系统破敌体系。

2.1　发现目标：通信侦察

通信侦察指的是使用侦察接收设备对敌方通信系统（收发信机中的发射台）的信号进行搜索、截获、测量、分析、识别，以获取情报信息的过程。如图 2.1 所示，在通信侦察站中，侦察接收设备在收发信机进行通信的同时，发现并截获发射台（辐射源）发出的通信信号。随后，侦察接收机对信号进行测量、分析、识别，检测其出现和结束时间、工作频率、调制方式、传输比特率、功率电平、电子指纹等信号特征和技术参数，再通过对信号特征和技术参数的分析、处理，识别其通信网（台）的组成、指挥关系和通联规律，查明收发信机的产品类型、数量、部署和变化情况，必要时引导测向定位设备或干扰设备，确定发射台的方位或对接收台实施干扰。

图 2.1　通信侦察示意

在实施通信侦察的时候，直接侦收到的只是通信信号，而不是情报。对信号进行识别、测量、解调后得到的是一些信号特征和技术参数的信息（如数据等）。再对这些信息进行融合、处理、分析、积累、综合、评价与解释之后得到的结果才是通信情报。通信情报是通信信号中携带的真实内容，它不仅能为干扰敌方通信提供所需参数，还能为己方制订作战计划、研制和发展相应装备提供重要依据。因此，通信侦察被誉为战场上监听八方的"顺风耳"，特别是星载、机载等升空侦

察系统，其侦察距离远、范围广，更是"顺风耳"中的佼佼者。

德国普拉特公司（C Plath GmbH）的自动通信情报系统（ACOS）框图如图 2.2 所示，这是典型的通信侦察系统。该系统是一种可升级的宽带无线电侦察系统，用于对常规 HF 通信进行搜索、探测、监视、分析和估算，能够全面观察 HF 频段内的所有辐射源。该系统可每年 365 天、每天 24 小时工作。

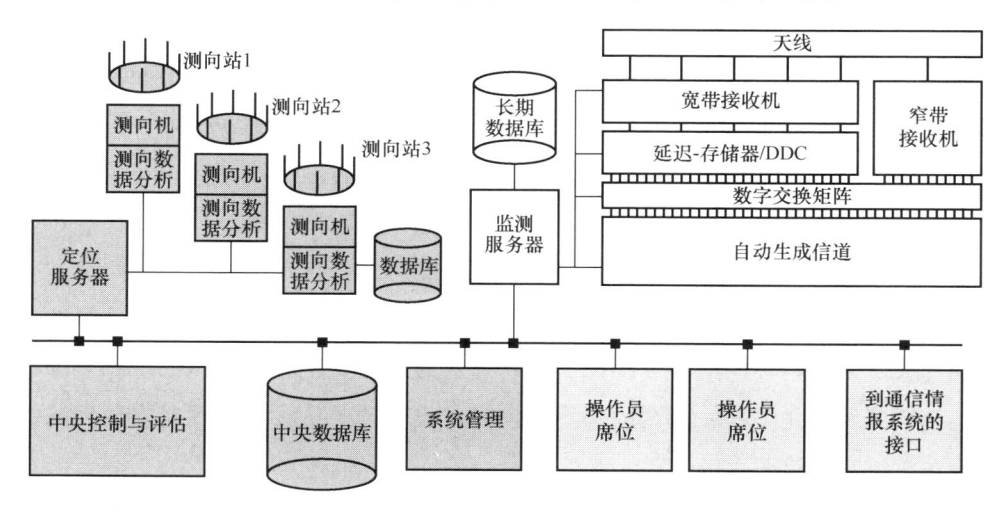

图 2.2 自动通信情报系统框图

2.1.1 通信侦察的应用

通信侦察是实施通信电子战的前提和基础，主要手段包括通信情报（COMINT）侦察和通信支援（CESM，全称为"通信电子支援"）侦察。

1．通信情报侦察

根据美军《JP 2-0：联合情报》条令的描述，通信情报（COMINT）是信号情报（SIGINT）的一部分，其他两部分为电子情报（ELINT）和国外仪器信号情报（FISINT）。通信情报定义为"对所截获的经由无线、有线或其他电磁手段传输的国外通信信号进行收集、处理所得出的情报和技术信息"。需要说明的是，在情报领域，电子情报指的是"从非通信辐射源（主要是雷达）辐射的信号中获取的情报"，因此，电子情报尽管名称中包含了"电子"二字，但其实并不包括通信情报。此外，信号情报与电子侦察也有着复杂的关系，为了让读者对这些概念有一个直观了解，图 2.3 用类似于数学公式的方式描述了相关概念的关系。

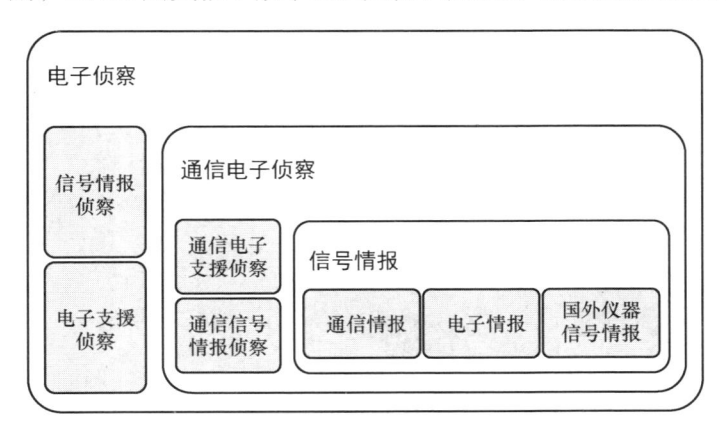

图 2.3　电子侦察相关概念之间的关系

通信情报侦察的目的是通过截获通信信号来获取敌方军事、政治和经济情报的具体内容，向国家和军队的高层领导、战场指挥员提供战略和作战决策的依据。可见，通信情报侦察系统要处理敌辐射源信号的内部特征（信号所调制的信息）。由于军用通信系统通常会采用加密手段，而解密、破译过程很耗时，因此，通信情报侦察通常无法直接用于支撑战术作战行动。

情报侦察的方式是通过对敌方通信进行定期或长期的侦察监视，详细收集和积累其通信设施和其他信息装备的活动情况，建立并不断更新情报数据库，为分析评估敌方通信设施和信息装备的现状和发展趋势，制订作战行动计划和发展装备策略提供资料。情报侦察大多采用信号情报/电子侦察卫星、信号情报飞机（包括有人驾驶飞机或长航时无人机）、电子侦察船、搭载通信情报系统的潜艇、固定侦察站（如短波侦察站、卫星通信侦察站，见图 2.4）等实施。

通过通信情报侦察可得到敌方的语言、文字、图像等与战略决策或作战行动直接有关的数据，如敌方的兵力部署、通信设施及其他信息装备的型号、类别、属性、数量和配置等，可为战场指挥员提供作战决策时的参考。通信情报侦察通常属于战略级侦察范畴。

2．通信支援侦察

通信支援侦察通常用于支援战场上的战术级作战行动。通过对敌方通信信号进行实时截获、检测、信号处理和分析等，得到敌方通信系统的外部特征和技术

参数，如工作频率、工作方式、调制样式、信号电平、细微特征及网台属性等，识别并分选出威胁目标。然后，依据预定的作战任务，引导通信干扰或信息攻击系统对指定目标或目标群实施干扰或攻击，或引导通信测向定位设备精确确定目标的方位，为反辐射武器或其他精确打击武器实施摧毁提供详尽、可靠的数据。

图 2.4　日本的 FLR-2 信号情报站

通信支援侦察一般由通信电子战系统中的移动侦察设备、战场通信侦察无人机、投掷分布式通信侦察设备等实施。通信支援侦察有助于了解敌方的通信技术发展水平和可能采取的通信抗干扰手段，并为通信干扰效能评估提供客观证据。支援侦察属于战术侦察范畴。

3．通信情报侦察与通信支援侦察的联系与区别

通信支援侦察与通信情报密切相关，但又相互独立。简而言之，通信情报侦察旨在通过监听通信内容（信号内部信息）来确定敌方的能力和意图；通信支援侦察则旨在通过分析信号的外部特征来确定敌方的能力和意图。

执行通信支援侦察任务或通信情报侦察任务的系统之间的区别在于：谁管控这些系统、任务是什么、任务目的是什么。因此，可以说从电磁频谱中收集到的通信信号有"两种使命"：第一种是通信支援侦察，作战部队使用未经处理的信息在规定的时间周期内形成和维护态势感知；第二种是通信情报侦察，由相应的情

报机构根据特定的情报需求进行保存和处理。综上所述,通信支援侦察与通信情报侦察之间的区别与联系如表 2.1 所示。

表 2.1 通信支援侦察与通信情报侦察之间的区别与联系

		通信情报侦察	通信支援侦察
相同点		装备形态、搜索与截获技术、基本理论相同或类似	
相异点	任务目标	截获敌方通信信号,并根据信号携带的信息确定敌方能力与意图	识别并定位敌方通信辐射源,以生成电磁战斗序列,引导通信干扰
	实时性	对实时性要求不高	对实时性要求很高
	搜集方式	搜集信号所有可能的数据,以用于后续详细分析	仅搜集足以确定威胁类型、工作模式、位置的数据即可
	分析要求	深度	广度
相关点		通信支援对通信情报的支持:通信支援阶段所收集的信号、数据、信息可作为通信情报系统的输入; 通信情报对通信支援的支持:某些情况下,通信情报数据库中的情报可直接用于支持通信支援行动,以缓解后者的信号分析压力、缩短其信号分析时间	

需要说明的是,通信支援侦察与通信情报侦察通常会采用相同或相似的系统来采集通信信号,只是后续处理过程有区别,如图 2.5 所示。

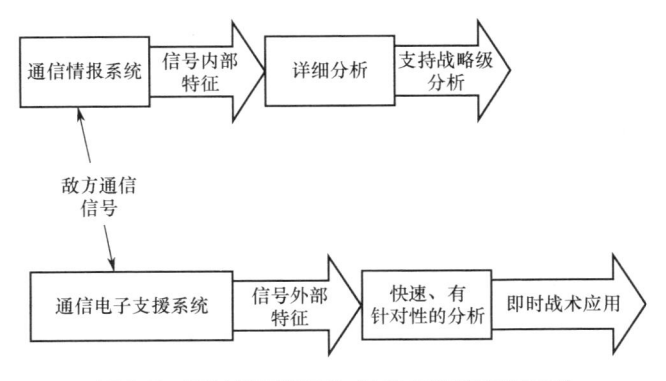

图 2.5 通信情报侦察与通信支援侦察的区别

2.1.2 通信侦察的特点

从上面的一系列描述可以看出,通信侦察的基础就是"接收通信信号",而通信系统中接收环节的功能也是"接收通信信号"。那么自然就会有这样一个问题:与通信接收相比,通信侦察有哪些不一样的特点?本部分就对这一问题进行阐述。

1. 频率宽开

通信系统接收的是特定频段的己方信号，因此通常只需要接收部分频段内的信号。但通信侦察系统预先无法知道会收到什么频段的信号，因此通信侦察通常需要覆盖敌方潜在通信所使用的全部频率范围（"频率宽开"）。

从目前的技术发展情况看，通信侦察系统所需覆盖的频率范围大约从极低频到极高频，且随着新通信技术不断涌现，该频率还有不断扩展之势。当然，对于一个具体的通信侦察设备而言，并不一定也不可能要求其覆盖这样宽的频段，而应根据其侦察目的、侦察对象、侦察方式及敌方活动特点、信号传播特性及电磁环境的复杂程度等分频段实现全覆盖。

2. 空间纵深

对于通信而言，双方总是会假定在最有利的条件下工作，如通信双方均处于对方的视距范围内，且天线彼此处于对方主瓣范围内。但对于通信侦察方而言，却必须假定总是处于不利的情况下。这样一来，通信侦察一般都需要在更远的距离上、更偏的方位（如只能部署在敌方天线副瓣或尾瓣方向）上接收更微弱的信号，所以通信侦察设备通常需要具备比通信接收机具有更加优异的性能，以满足纵深广大的地域范围内的侦察需求（"空间纵深"）。

3. 时间持久

在战争中，敌我双方的战争态势瞬息万变、电磁作战环境纷繁芜杂，信息的时效性特别强。哪怕再重要的情报，都可能在数小时、数分钟乃至数秒钟之后就变得毫无意义。因此，通信侦察必须特别注意实时性。另外，目标信号的持续时间往往是很短暂的，特别像猝发通信这样的快速通信信号，如果不能实时截获，侦察将无所作为。为了保证侦察的实时性，通信侦察设备必须长时间不间断地连续工作。而对于通信而言，一般在需要的时候才会接收信号，而不会一直处于接收状态。因此，与通信相比，通信侦察更具有时域上的持久性。

4. 电磁静默

通信侦察设备是一种无源（passive）设备，本身不辐射电磁能量，因此，不易被敌方发现，可以免遭敌方反辐射武器的攻击，战场生存力较强。而这也使得通信侦察成为最典型的具备电磁静默作战能力的手段之一。

目前，随着美军在电磁频谱内的博弈从非常规战争（主要是反恐）向大国竞争转型，其为了继续保持电磁频谱优势及电磁频谱内的行动自由，正在全面改变电磁频谱作战规则。其中，最主要的改变之一就是通过电磁静默战（美国智库将这种战法称为"低功率到零功率作战"）的方式来尽可能抵消潜在对手在电磁频谱内的本土优势。可以预见，未来电磁博弈战场上，博弈双方在战场上都会尽量少使用或不使用主动发射电磁信号的系统，以确保己方用频系统不暴露。

电磁静默战概念指的是"战场上所有军用设备均不再主动辐射电磁信号或更多地采用更加隐蔽的方式辐射电磁信号"。可见，通信侦察无疑就是一种"不主动辐射电磁信号"的感知手段。

在此，顺带简单介绍一下"无源"（passive）与"有源"（active）的概念。在电磁频谱领域内的博弈中，所谓"无源"（passive，有时也称"被动"）与"有源"（active，有时也称"主动"）指的是"是否发射电磁信号"：辐射电磁信号的活动、技术、装备属于"有源"；不辐射电磁信号的活动、技术、装备属于"无源"。例如，大部分雷达、大部分通信系统、敌我识别系统、光电探测系统等都需要辐射电磁信号，因此都是"有源"系统/装备。而诸如雷达告警接收机、通信侦察接收机、测向与定位系统、卫星导航接收机等都不需要辐射电磁信号，因此都是"无源"系统/装备。

5. 目标多样

通信信号既有连续的（模拟信号），也有离散的（数字信号），调制方式也五花八门（如调幅/幅度键控、调频/频移键控、调相/相移键控、复合调制等），信号电平起伏也很大。为了侦收这些信号，侦察设备必须具有较高的技术性能，如多种检测、识别、解调方式及尽可能大的动态范围等。

总之，对于通信系统而言，其信号特点（模拟/数字、调制样式等）在设计之初就已经固定、固化，即便是采用了诸如软件无线电等相对灵活的硬件架构或诸如认知无线电等相对灵活的通信技术，信号特点的更改也不会非常频繁。因此，通信系统所需接收的信号非常"单一且明确"。反观通信侦察系统，其目标信号在被收到之前则完全未知，因此必须具备多样化目标信号的接收与处理能力。

6. 通指一体

通信的核心目标是信息传输，而对敌方通信进行侦察的核心目标则不仅是获取敌方传输的信息，还包括获取敌方信息背后的指控体系，也就是说，通信侦察的目标是获取通指一体的信息。

也就是说，通信侦察（特别是通信情报侦察）不是针对某一个通信系统的个体设备，其重点是敌方战场指挥和控制中心，至少是通信网络的重要链路或节点。搜索和跟踪敌方各级指挥机关是通信侦察最主要的任务之一。从通信电子战领域的专业术语来讲，通信侦察旨在获取敌方通信电子战斗序列/电磁战斗序列（EOB）。根据美军相关条令的定义，电磁战斗序列是整个战斗序列的一个子集，它包括电磁频谱相关系统的身份、优点、指挥架构、部署和工作参数等。

2.1.3 通信侦察装备

1. 任务用途

通信侦察设备的主体是侦察接收机。侦察接收机是通信电子战的核心设备，不仅可用于独立实施通信侦察，还可以与通信测向、定位和干扰设备组合使用。典型的多通道通信侦察接收机框图如图2.6所示。

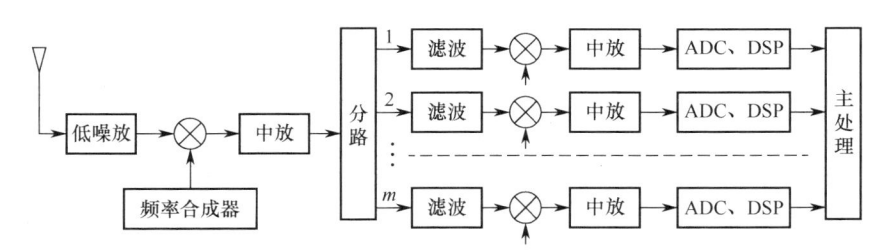

图2.6 典型的多通道通信侦察接收机框图

为了收到敌方发射的信号，侦察接收机需要有良好的环境适应能力和足够的灵敏度。由于不能预先知道敌方的通信频率，因而侦察接收机要有相当宽的工作频率范围，使其能调谐到目标频率上。随着现代通信技术的发展和快速传输技术的采用，为了不失时机地侦察到敌方信号，侦察接收机必须具备快速搜索、调谐和频率瞄准能力。

通信侦察接收机与敌方通信接收机的最大区别在于：通信接收机已知信号所

有技术参数和特性，而侦察接收机对要侦收的信号一无所知，需要对收到的信号进行信号特征分析、识别。信号特征分析和识别是侦察接收机的主要任务。信号特征是信号承载的信息内容（情报）、信号的技术特征及通联特征的总和。

现代通信信号一般都是加密的数字信号。接收到敌方的通信信号后，需要对信号进行识别才能获得信息内容。通常需要三个方面的工作：一是利用各种技术分析设备了解敌方通信设备的技术性能；二是利用已掌握的敌方通信的有关资料与新侦察到的情况进行对照、分析、判断，从而了解敌方的编制序列、指挥关系、部队性质和级别等；三是通过人的思维活动和专门设备对接收到的敌方密码、密语进行破译，从而了解敌方通信内容。由于通信技术高速发展，尤其是信息安全技术的发展，要进行破译以得到通信信息内容变得非常困难。因此，通信侦察越来越趋向于技术特征和通联特征的侦察。

信号的技术特征就是在频域、时域、空域、调制域中表示信号的一组特定的技术参数，如信号中心频率、信号电平、调制参数、频带宽度、极化方式及传输速率、跳频速率、频率集等。而信号的通联特征则包括通信时刻、通信频度、通信时间长度、信号强度等。

通信侦察接收机的主要工作就是对信号技术特征进行分析（包含用于识别信号个体的细微特征分析），测量技术参数，记录通联特征数据。

2．功能分类

侦察接收机通常分为搜索接收机、干扰引导接收机、监测接收机、测向接收机（见图 2.7）。

搜索接收机用于快速、大范围搜索、截获通信信号，并对信号频率、电平、调制方式等参数进行粗测，目的是快速发现并跟踪通信信号。

干扰引导接收机在监测接收机的频率、干扰参数优选等引导下，产生所需的最佳干扰样式的激励信号，引导干扰发射机对敌方通信接收机进行干扰。

监测接收机在搜索接收机引导下监视感兴趣的信号，进行详细的特征分析、识别、技术参数测量、解调等信号处理、数据融合和分析判断工作，目的是获取通信情报。

测向接收机在搜索接收机引导下对通信信号进行方向和位置的测量，即进行测向和定位，以便给监测接收机提供目标地理位置的信息，还可为干扰设备的定向干扰提供方位引导。

(a) 搜索接收机

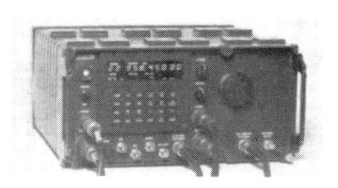

(b) 干扰引导接收机

(c) 监测接收机

(d) 测向接收机

图 2.7 国外几种侦察接收机

2.2 锁定目标：通信测向与定位

所谓通信测向与定位，就是在通信侦察引导下，通过接收天线或天线阵列对目标信号的响应幅度、相位、频移、时间上的差别进行相应处理后，确定目标的方向和地理坐标位置的过程。严格地讲，通信测向与定位也属于广义的通信侦察的范畴。

需要说明的是，尽管彼此关系非常密切，但测向与定位实际上是两个不同的技术领域。测向主要是测量敌方通信辐射源的指向线（LOB），而定位则是找出敌方通信辐射源的位置。根据是否需要测向，定位可分为测向定位和非测向定位两种方式：测向定位需要先对辐射源进行测向，然后根据测向结果进行定位，这种定位方式也称为到达角（AoA）定位（见图 2.8）；非测向定位则直接测出辐射源的位置线（而非指向线），并通过位置线相交来直接得出位置，这种定位方式包括到达时差（TDoA）定位和到达频差（FDoA）定位等。通常来说，非测向定位的精度要高于测向定位的精度。

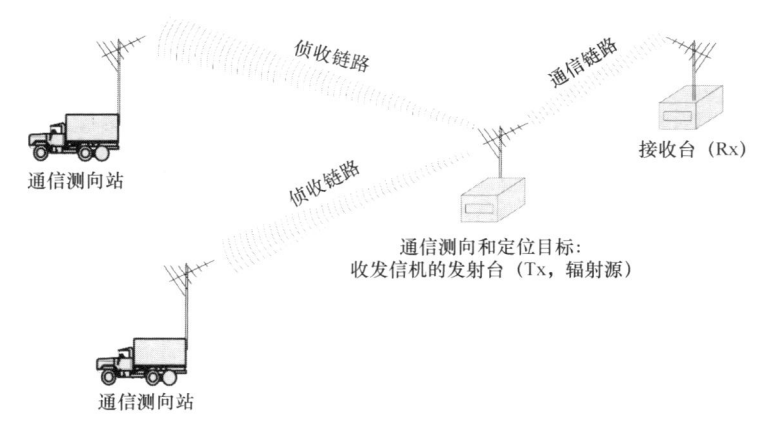

图 2.8　通信测向定位示意

1995 年，俄罗斯车臣叛乱头目杜达耶夫，在野外利用卫星移动通信与远在莫斯科的谈判代表通话。据称，美国电子侦察卫星截获了他们的通话，经特征分析，确定是杜达耶夫本人，继而经通信测向与定位后确定了其地理位置，随即向俄罗斯进行了通报。俄军马上出动飞机，向确定的目标方位发射精确制导导弹，一举炸死了杜达耶夫。这次利用通信测向与定位后的精确打击轰动了整个世界。因此，通信测向与定位，特别是升空通信测向与定位，是名副其实的纵观六路的"千里眼"，任何目标信号都逃不过它的"慧眼"。

2.2.1　通信测向与定位的任务与应用

通信测向与定位在军用和民用领域的应用都极其广泛。尽管通信测向与定位在任务与应用方面有很多交叉重叠之处，但在细微之处还是有所差别。

1．通信测向的任务与应用

通信测向主要用于以下几个领域。

首先，通过对辐射源测向可以获得辐射源的方位信息，包括所处的地理位置信息，据此可以初步判断对敌方通信电台的部署或重要通信枢纽、通信节点的分布情况，并形成敌方兵力态势，也可以引导火力打击。

其次，通过测向获得的方位信息可以引导窄波束干扰站瞄准来波方向实施干扰，提高干扰的有效性。

再次，利用测向定位信息可以确定通信网台关系和通联情况，以此判定网台属性和威胁等级，为指挥员决策提供依据。

此外，利用测向定位信息可以实现信号分选，尤其是对跳频信号的分选。

最后，还可以在导航系统中对协作信号进行测向，用于运动平台导航；在无线电频率管理中用于对干扰源或非法辐射源定位；在智能通信系统中为应用空分多址技术确定来波方向；在安全系统中确定犯罪分子通信时的位置，与有组织犯罪斗争；在无线电探测中用于射电天文学、地球遥感传感器，以及救援、探测等其他民用领域。

2. 通信定位的任务与应用

无线电辐射源定位可以应用于以下两方面。

在军事应用领域，可通过无线电辐射源定位来识别和分离目标、定位武器传感器位置、瞄准和指示目标等。首先，基于军事通信辐射源位置信息，可以识别和分离通信网台，初步判断敌方通信电台的部署或重要通信枢纽、通信节点的分布情况，确定通信网台关系和通联情况，继而判定网台属性和威胁等级，为形成敌方兵力态势打下基础；其次，基于军用雷达辐射源位置信息，可以推断敌方由雷达控制武器系统的地理位置，探测相关威胁，为消除威胁提供决策依据；最后，基于辐射源位置信息，可以引导无线电干扰机瞄准接收区域实施干扰，提高干扰的有效性和精准性，甚至可以引导火力打击摧毁通信节点。

在非军事应用领域，可将定位信息用于以下场合：可以确定干扰源或非法辐射源，支持无线电频谱监管；可以跟踪定位通信时的犯罪分子，用于抓捕和打击行动；可以用于搜索救援等民用领域；可以把已知位置的辐射源用于运动平台导航。

2.2.2 影响测向与定位性能的因素

1. 影响通信测向性能的因素

影响通信测向性能（主要是测向精度、测向灵敏度等）的因素通常称为"测向误差源",总体来说,通信测向误差源可归结为测向接收机的外部因素和内部因素。外部因素包括电波传播过程中受到障碍物反射波等的干扰,或受到同信道信号及噪声干扰等;内部因素主要包括测向接收机自身产生的噪声和误差,后者包括天线阵元位置误差、天线互耦、接收机通道失配、测向接收机参考方向指向误差等。

上述这些因素有些理解起来比较复杂,因此,本部分不做过多介绍,直接给出结论:在外部因素影响方面,受到的干扰越严重,则测向误差越高,测向性能越差。在内部因素影响方面,测向接收机自身产生的噪声和误差越大,则测向误差越高,测向性能越差;天线阵元位置误差、测向接收机参考方向指向误差越大,则测向误差越高,测向性能越差;天线互耦、接收机通道失配程度越高,则测向误差越高,测向性能越差。

2. 影响通信定位性能的因素

影响通信定位性能(主要是定位精度等)的因素通常称为"定位误差源",主要包括:位置线对应参数的测量误差或观测中的噪声引起的误差;观测站的位置误差;观测站之间的时频同步误差;观测站指向和速度误差;运动辐射源视为静止带来的误差;近似模型和近似计算误差。总体来说,上述误差越大,定位误差越高,定位性能越差。然而,不同误差源对不同的定位方法(定位体制)的影响不尽相同,如图2.9所示。

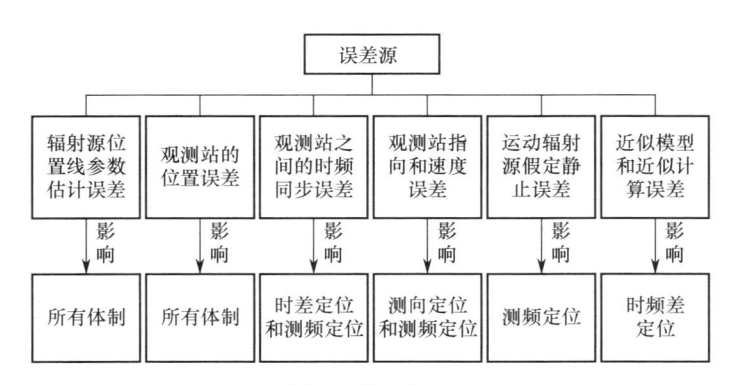

图 2.9 通信定位误差源及其影响

2.2.3 通信测向方法

1．测向方法

由电磁波的特性，辐射源的来波方位信息通常都体现在天线对接收信号的幅度响应上或相位响应上。因此，根据获取方位所利用的不同响应信息，目前常用的无线电测向技术主要有幅度响应型测向和相位响应型测向。对于较现代化的阵列信号处理，则是同时利用其幅度信息与相位信息进行方位获取。辐射源与测向系统之间存在相对运动时，测向系统所接收到的信号频率就会存在多普勒效应，利用该多普勒频移获取目标方位信息即为频率响应型测向。另外，在同一辐射源到达测向系统不同空间位置的多幅天线时，存在信号的到达时差，利用该时差获取目标方位信号即为时间响应型测向。

典型的测向方法（技术体制）如图 2.10 所示。

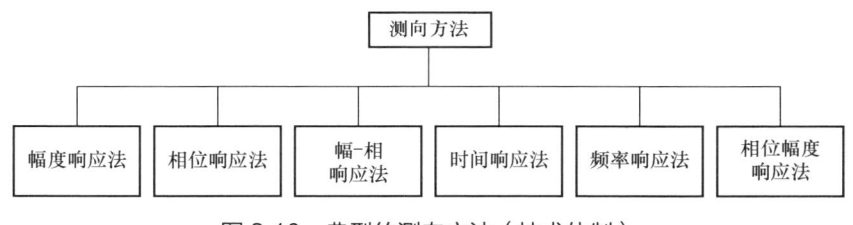

图 2.10 典型的测向方法（技术体制）

1）幅度响应法

幅度响应法利用天线系统的直接幅度响应或比较幅度响应测量来波到达方向。属于幅度响应法的方法包括旋转环测向、交叉环测向、乌兰韦伯测向、旋转环角度计测向、幅度单脉冲测向等。

2）相位响应法

相位响应法又称相位法测向，其工作原理是通过测量信号到达组成测向天线阵列的各单元天线（简称"阵元"）之间的相位差来测定目标方向。其中，直接比相测向又称相位干涉仪测向。属于比相测向的还有准多普勒测向等。

3）幅-相响应法

幅-相响应法又称幅度-相位法测向，其工作原理是将测向天线阵列的各阵元上输出信号的相位关系（相位差）转换成相应的幅度数据，再计算出目标方向。属于幅-相响应法的有瓦特森-瓦特测向、艾德考克-瓦特森-瓦特测向等。

4）时间响应法

时间响应法又称到达时间差测向，简称"时差测向"，其工作原理是通过测量到达测向天线阵列各阵元的时间差，计算出目标方向。属于时间响应法的方法包括时差干涉仪测向等。

5）频率响应法

频率响应法根据多普勒频移定律，通过测量的一段时间来波频率与该时段天线运动方向估计来波方向。属于频率响应法的方法包括多普勒测向等。

6）相位幅度响应法

相位幅度响应法又称阵列响应型测向，经典的谱估计测向是将测向天线阵列感知的信号分解为实际信号与噪声两个子空间，用目标方向构成的矢量与噪声子空间正交的特性进行测向。代表性的方法是基于来波方向与阵列流形的对应关系，以及阵列流形线性包与相关矩阵特征分解生成的信号子空间等价性，通过与信号子空间或其正交补基底矢量共面或正交的特点测向。

依据上面的论述，可以把采用不同测向技术的测向系统归属为不同的测向体制，如世界上实际使用的有艾德考克、瓦特森-瓦特、干涉仪、多普勒、时差法等多种体制的测向机或系统。在这些测向体制中，幅度响应法的误差较大，时间响应法由于受限于时间差的测量精度，目前主要应用于长基线（测向站或定位站之间的距离称为基线，长基线至少大于几个波长）测向；采用相位干涉仪和准多普勒的相位响应法及幅-相响应法是目前广为应用的测向体制。近年来，以空域处理为主要手段的天线阵列信号处理发展很快，空间谱估计测向（属于相位幅度响应法的一种）作为当今最先进的一类测向体制，不仅具有比传统测向方法低得多的误差和高得多的分辨率，而且具有多目标和抗多径测向能力。典型测向方法的特点比较如表 2.2 所示。

表 2.2　典型测向方法的特点比较

体　　制	性　　能				
	灵敏度	精　度	距　离	测量参数	难度与成本
U 型艾德考克	中	中	远	幅度	中
H 型艾德考克	中	中	远	幅度	中

续表

体　　制	性　能				
	灵敏度	精度	距离	测量参数	难度与成本
交叉环	低	中	近	幅度	低
瓦特森-瓦特	中	中	远近	幅度	高
乌兰韦伯	很高	很高	远中近	幅度	很高
多普勒	中	低	远中近	相位	高
相位干涉仪	高	高	远中近	相位	高
空间谱估计	很高	很高	远中	幅度相位	很高

2．测向装备

一般而言，通信测向系统由如图 2.11 所示的几个基本功能单元组成。其中，测向天线（图中的"天线阵列"）作为传感器用于感知辐射源发射的电磁波；选择开关是针对天线单元数多于通道数的系统，通过选择开关依次选择天线来获取所需基线的相位差；射频前端的主要功能是将该射频信号低损耗分发/传输到后面的调谐器中；校正源用于测量和补偿天线选择开关之后通道的幅度/相位不一致性误差；调谐器用于对感兴趣信号的筛选和转换为频率/电平等适合后续处理的中频信号；测向处理部分（图中的"处理单元"）的主要功能包括对模拟前端送来的信号进行模-数变换、处理和运算，从信号中提取方位信息，以及控制测向系统各分机（测向天线、接收机、输出接口等）协调的工作；显示单元的主要功能是显示方位结果和相关参数，以及结果信息的存储与分发等；GPS 用于确定测向系统自身位置和确定参考方位。

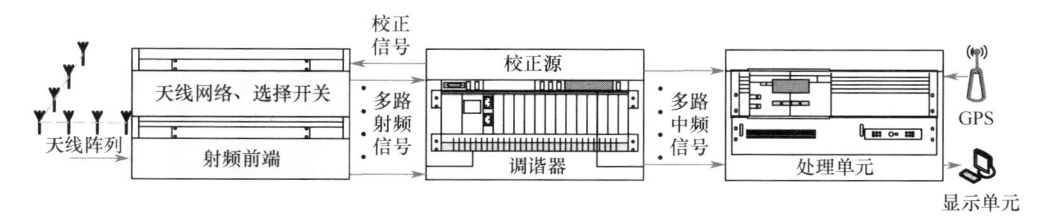

图 2.11　通信测向系统的基本组成

目前全世界的测向设备种类、型号非常多，既有单体制测向系统，也有多体制综合测向系统。下面以图片形式直观展示几种典型的测向系统。

澳大利亚 CEA 技术公司的"巫师"（WARRLOCK）通信测向系统是一种

典型的综合体制测向系统,该系统安装于澳大利亚皇家海军(RAN)的阿米戴尔(Armidale)级和弗里曼特尔(Fremantle)级巡逻艇上。此外,还有 7 艘新西兰皇家海军舰艇也列装了该系统。该系统及其天线如图 2.12 所示。

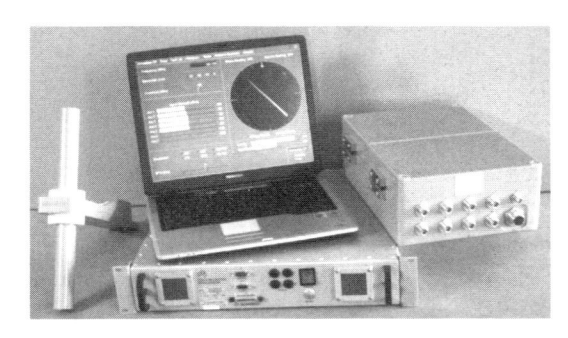

图 2.12 "巫师"通信测向系统及其天线(安装于巡逻艇上)

德国罗德·施瓦茨公司的 DDF1555 紧凑型测向仪是一种典型的采用相位响应测向体制(相关干涉仪体制)的通信测向系统,该系统可背负式使用,如图 2.13 所示。

图 2.13 DDF1555 紧凑型测向仪

德国普拉特公司的 DFP 5400 宽带无线电测向仪是一种典型的采用幅度响应体制(瓦特森-瓦特体制)的通信测向系统,该系统主要对短波(HF)频段内的通信信号进行测向,如图 2.14 所示。

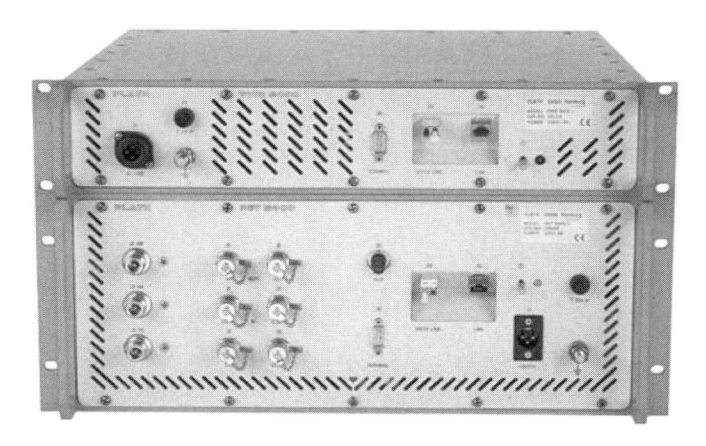

图 2.14　DFP 5400 宽带无线电测向仪

2.2.4　通信定位方法

1. 定位方法

对辐射源定位有多种方法，基本方法有测向法定位（又称到达角定位，AOA；或三角定位）、到达时差（TDOA）定位（双曲线定位）、到达频差（FDOA）定位等。这些方法各有优、缺点。随着技术的进步，为了克服上述各种定位方法固有的缺点，加强了对传统定位技术组合应用的研究，提出了一些新的定位方法，如测向与多普勒频移联合定位、到达时差（TDOA）与多普勒频移联合定位及基于相位差变化率定位等。典型通信定位方法示意如图 2.15 所示。

1）测向法定位

测向法定位是最经典的定位（又称"交叉定位"）方法，一般需要两个以上专用的测向站（称为"定位基站"），定位误差不仅与测向误差有关，还与定位基线长度有很大的关系。当使用单站进行测向法定位时，要求信号持续时间较长。

2）到达时差定位

到达时差定位的原理是辐射源信号到达多个（一般至少 3 个）空间上分开的观测站之间存在着多组时间差，由这些时间差可以绘制多条经过辐射源位置的双曲线，这些双曲线称为时差线，时差线的交点就是辐射源的计算位置。时差定位在定位空中目标时一般采用四站方式，在定位地面目标时一般采用三站方式，在某些场合，也可采用更多的观测站，形成多组时差线，从而使其定位精度更高。

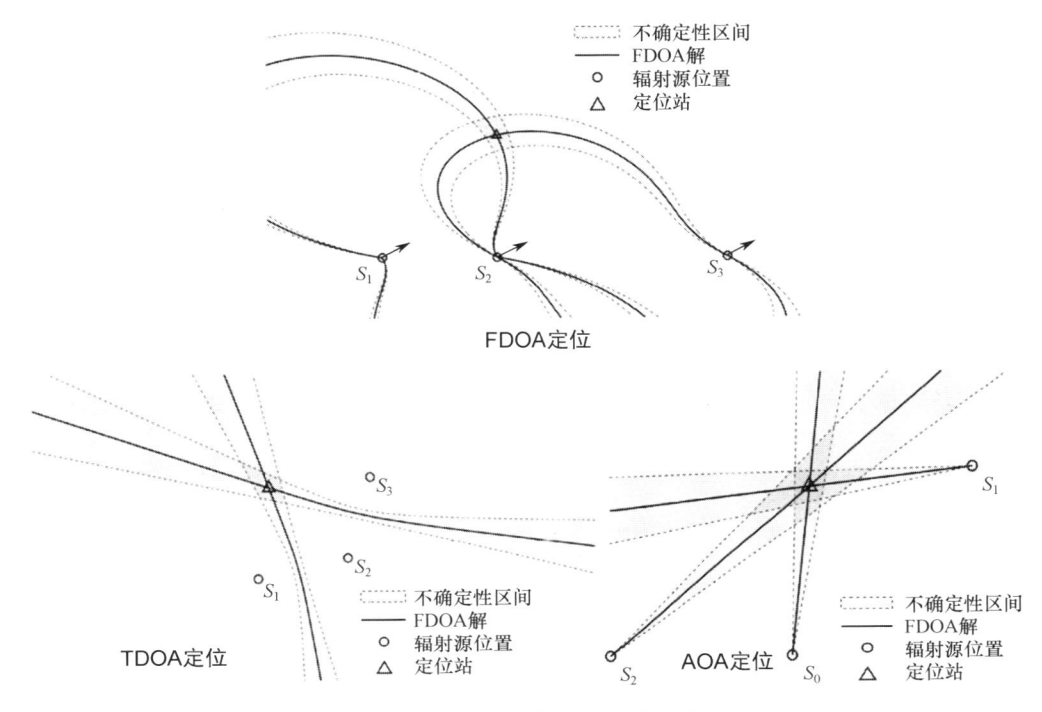

图 2.15 典型通信定位方法示意

3）到达频差定位

到达频差定位通过测量频移（或频差）信息进行辐射源目标定位。辐射源目标与观测站之间的相对运动会产生多普勒频移，该值的大小与目标相对于观测站的运动方向、速度等因素有关，可以通过两个或两个以上观测站测量信号频率，利用各测量结果之间存在的频差实现目标定位。在只有一个观测站的情况下，通过在不同位置对静止辐射源的频移进行多次测量实现目标定位，即运动单站频移定位法。

4）组合定位法

除上述定位方法外，还有很多其他异类参数定位体制，称为组合定位法，如图 2.16 所示。在观测站数量少于同类参数定位体制所必需的数量时，可以利用异类参数定位，此时异类参数定位能够减少观测站数目。在满足最少观测站数量的情况下，利用异类参数定位可以增加观测参数数量，也可以改善定位的几何交角，从而提高定位精度。

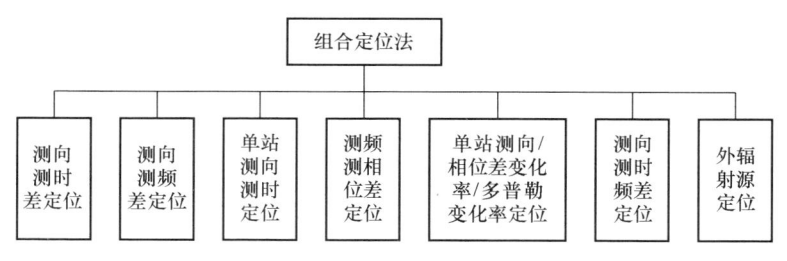

图 2.16 典型组合定位法

5）新型定位方法

随着人工智能及定位技术的不断研究和发展，出现了一些定位位置线参数智能估计、定位误差智能校正和定位新方法，如图 2.17 所示。

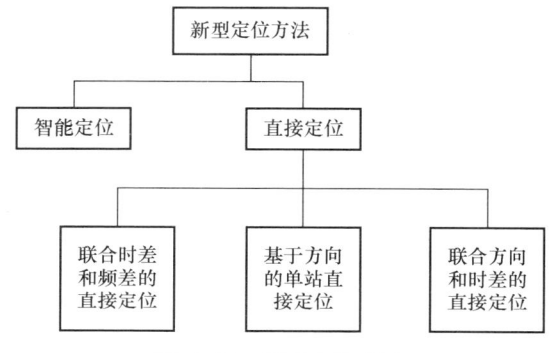

图 2.17 新型定位方法

2．定位装备

一个功能完备的通信定位系统通常由如图 2.18 所示的观测站、计算控制显示设备与外标校源组成。观测站包括实线框内的接收天线、射频前端、调谐器、信号处理单元、自定位授时设备及数据传输设备等。计算控制显示设备包括计算机、显示器和数据传输设备等。外标校源包括发射天线、发射机、信号发生单元及自定位设备等。由于观测站设备自校正功能可由图中设备联合实现，所以未单列该类单元。特别需要说明的是，针对具体应用，定位系统可以由图中的部分设备组成，且对设备的技术要求也不同。例如，对于运动单站测向定位系统，不一定需要专门的数据传输设备，授时自定位模块仅需提供自定位和参考方位指示即可。此外，不单独配置计算控制显示设备，在图中增加观测站虚框所示的计算控制显示单元构成定位系统主站也是常见的系统组成方式。

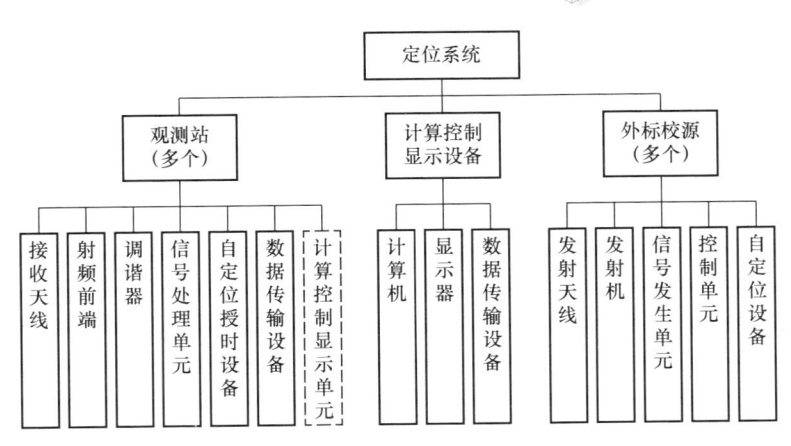

图 2.18 完备的定位系统组成示意

德国罗德·施瓦茨公司的 UMS300 紧凑型监测与无线电定位系统是一款典型的通信定位系统，其将测向法定位、到达时差定位、测向/到达时差联合定位等功能集成到了一台紧凑型设备内，如图 2.19 所示。高性能接收机可快速、可靠地执行所有测量与测向任务。内置计算机提供控制软件平台，同时控制温度接口和管理接口。短天线电缆可以有效提高系统灵敏度，使得系统可以对弱信号进行测量和定位。

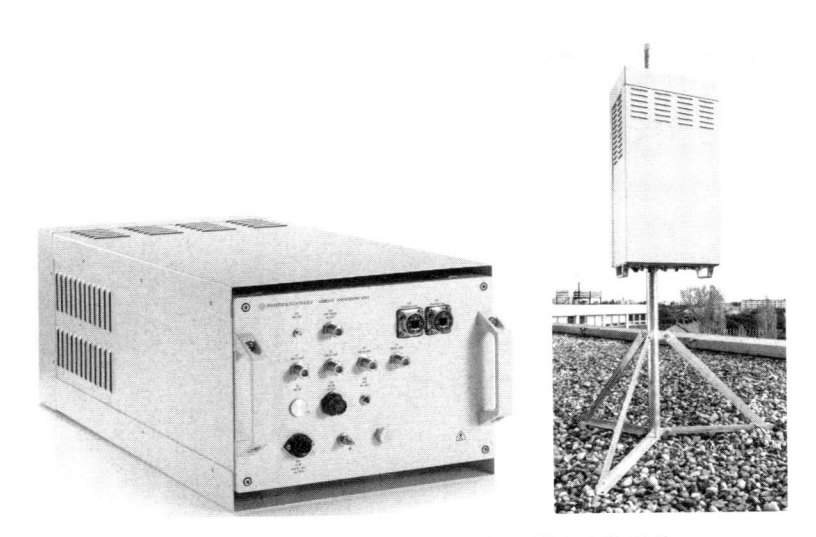

图 2.19 UMS300 紧凑型监测与无线电定位系统

2.3 攻击目标：通信干扰

2.3.1 通信干扰的任务与应用

通信干扰是通信电子战领域中最积极、最主动和最富有进攻性的一种手段。它在侦察的引导下，人为辐射干扰信号，该干扰信号与正常通信信号同时被目标通信系统的接收台接收，并对接收台进行扰乱、破坏或欺骗（见图 2.20），使其听不到、听不懂甚至误听通信内容。

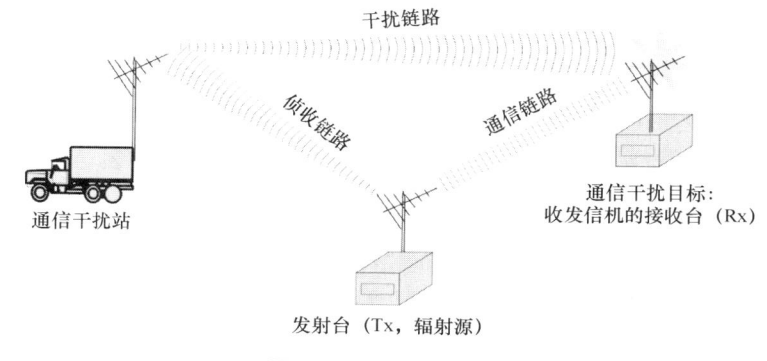

图 2.20 通信干扰示意

在当今信息时代，由于军事通信网络化在现代战争中的作用越来越大，所以以攻击和破坏信息传输为目的的战场网络对抗的作用日益重要，地位日益提高。通信干扰通过干扰甚至切断通信链路，达到对各作战单元通信接收设备进行扰乱、破坏、欺骗，甚至使整个战场的通信网陷于瘫痪的目的。此外，随着人工智能在电子信息领域内的应用越来越广泛，基于人工智能的快速、灵活、可重构的杀伤链/杀伤网也逐步构建起来，而破击这种杀伤链/杀伤网并最终实现体系破击也逐渐成为通信干扰在新时代的主要作战目标之一。

2.3.2 通信干扰基本原则

想要成功实施通信干扰，必须遵循一定的基本原则或准则。从广义上说，这些准则不仅适用于通信干扰，也适用于针对其他作战对象的干扰，如雷达干扰、光电干扰等。

1. 时空频对准

这一准则有时候也称为"通信干扰信号的时域、空域、频域特性",指的是干扰信号必须与被干扰信号在时间层面、空间层面、频率层面对准,干扰才能有效。

1）时间对准

时间对准指的是"在敌方进行通信的同时对其实施干扰",这一点比较好理解,如果等敌方通信结束了再实施干扰就没有意义了。当然,在实际实施过程中,由于在干扰之前首先要花时间对敌方通信信号进行截获、测向、定位,然后再花时间进行干扰引导,最后才可以实施干扰,因此,通常情况下无法做到时间上的"全覆盖",而只能在敌方通信过程中覆盖一定比例的时间,这一比例通常称为占空比。例如,假定敌方某次通信持续了 1 分钟,而干扰覆盖了这一分钟内的 30 秒,则占空比为 50%。

时间对准这一准则非常直观,也很好理解。但在无线电使用的初期,并不是每个人都能理解,因此闹出不少笑话。1903 年 9 月,美国海军舰队进行攻防演习训练期间,一方舰船上的无线电操作员监听到了敌方无线电台发出的信息,当他听到 G、O、L 三个字母时,断定那就是敌方在发送观测报告,并准备实施干扰。此时,一位上尉军官以命令的口气对他说:"先别干扰,我要整理出报文。"整理出报文后,这位上尉又命令无线电操作员说:"现在你可以开始干扰了。"无线电操作员无奈回答"已经不用干扰了,电文已经以每秒 186000 英里的速度'逃跑',干扰怎么追也追不上了"。

2）空间对准

空间对准指的是"干扰能量最好在目标方位处尽可能地聚焦",简单地说,如果把干扰能量比作"钢铁",那么干扰的空间对准原则就可比作"将尽可能多的好钢用在刀刃上"。如果目标在西边,干扰却向东边辐射,那么大多数能量都会白白浪费掉。

然而,需要注意的是,空间对准这条原则的要求没有时间对准那么严格,这是因为:其一,通常情况下都无法非常精准地获得目标的方位,因此总有偏差;其二,有些情况下需要实施全向干扰,也就是在所有方向(当然,实际上做不到所有方向)上实施干扰,这种情况下对不对得准已不重要。例如,反恐部队用于干扰路边炸弹（简易爆炸装置，IED）引信的干扰机通常就是全向干扰，以形成一个电磁"保护罩"，如图2.21所示。

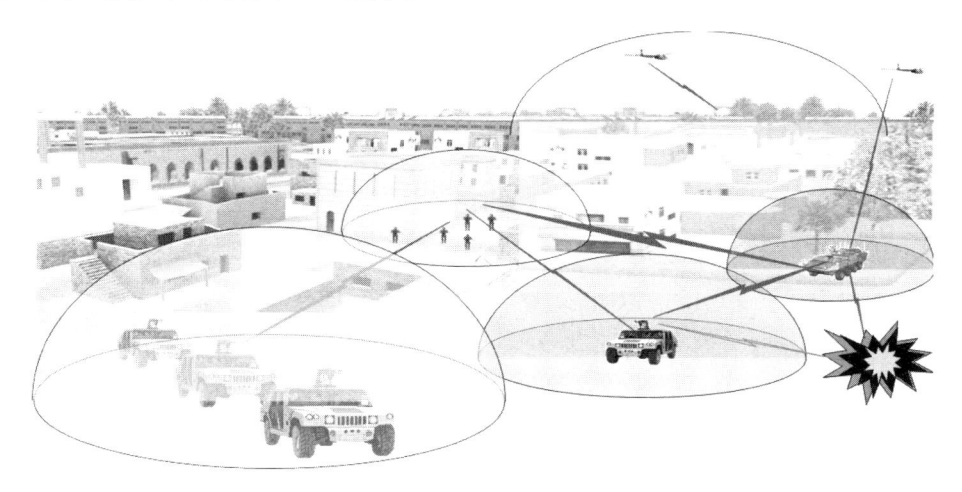

图 2.21　简易爆炸装置干扰通常采用全向干扰

3）频率对准

与时间对准、空间对准相比，频率对准不是很好理解，它指的是"干扰信号的频率范围必须全部或部分覆盖敌方通信信号的频率范围才能实施有效干扰"。例如，通信信号工作于20～25MHz频段，要实施有效的干扰，干扰信号的频段必须全部或部分覆盖该频段才能生效。如果干扰信号频段为100～105MHz，那么无论干扰信号能量多高，都无法实施有效干扰。

大多数情况下，频率对准这一原则必须严格遵循。然而，随着干扰技术的不断发展，也出现了例外的情况——若采用高功率微波（HPM）武器来攻击敌方通信系统，那么可以不用考虑频率对准这一原则。而且，通常来说，高功率微波武器所采用的频段都会远高于战术通信频段。之所以出现这种情况，是因为高功率微波武器的工作机理不一样：常规干扰信号的能量都是通过敌方通信接收天线"注入"的（"前门耦合"，不在天线工作频段内的能量无法注入），而高功率微波武器的干扰能量是通过敌方通信系统的一些孔洞、缝隙等"注入"的（"后门耦合"，无须遵循频段对准）。简而言之，传统干扰（无论是压制干扰还是欺骗干扰）是一个"武林高手"，有一定的章法；而高功率微波武器系统则是一个"大力士"，只讲究"一力降十会"。

2. 干扰接收机

所有干扰的对象都是敌方通信接收机（通信系统的接收台），而非发射机，对于干扰而言这是一条铁律（当然，在此不考虑高功率微波武器，其可以硬杀伤发射机）。这个比较好理解，打个比方：如果两个人在聊天，第三个人在旁边大喊大叫，那么影响的只能是聊天的两个人之中那个倾听的一方（听不到了），而说话的人可以一直说，不受影响。

尽管这条原则比较好理解，但从通信干扰实施过程来看，似乎存在一个"悖论"：通信侦察、测向、定位的对象都是敌方的发射机（辐射源），而干扰的却是接收机，那么是否会导致干扰无法满足上述空间对准、频率对准的原则？关于这一点，其实通信电子战领域内通常有一个假定，即通信系统是收发一体的。这样一来，尽管侦察、测向、定位的对象是发射机，但由于发射机跟接收机部署在一起（大多数情况下二者其实就是同一套系统），那么"向敌方发射机所在的位置、方向发射干扰信号"自然也就能够干扰到敌方接收机。

然而，这一假定并不总是成立：有些通信系统只收不发（如收音机、卫星导航接收机、无线电遥控炸弹），导致通信干扰系统找不到干扰目标；有些系统只发不收（如广播电台、卫星广播服务等），导致通信干扰系统尽管能找到目标但若直接对其实施干扰则无效；有些系统尽管收发一体，但收、发异频（如通信卫星），导致通信侦察、测向、定位的结果无法直接引导干扰，因为频率没有对准。

要解决这些问题，必须从更高层级、更多维度来看待通信干扰：与其他所有作战手段类似，通信干扰无法"独立"解决所有问题，必须通过技战术一体、理技融合等方式，结合其他手段。例如，针对只收不发或只发不收的通信系统，如果通过其他手段（如情报手段）预先知道其接收系统部署的位置或方向，则在需要时直接向该位置或方向释放干扰即可；如果无法预先知道部署位置或方向，也可以在需要时对感兴趣的区域直接实施干扰，以确保不管该区域内有没有接收机，都无法收到任何信号。再如，对于收发异频的通信系统，在预先知道其收发频率匹配关系的情况下（如发射采用 A 频率的时候，会采用 B 频率接收），则可以在检测到 A 频率时，直接发射 B 频率的干扰信号。

总之，对于通信干扰（或整个通信电子战）领域而言，绝不可以指望其能独立解决电磁频谱内所有问题，必须从体系作战角度来考虑。

3. 干信比与占空比需求

除上述三种"对准"原则外，通信干扰还必须有足够大的能量才能实现有效干扰。具体地说，在通信干扰领域，通常用一个相对概念干信比（JSR 或 J/S）来描述干扰的能量要求，而不是用绝对概念（如干扰信号的辐射功率）。这比较好理解：干扰信号本身能量大小并不重要，只要比敌方通信系统所发射信号的能量高即可。干信比指的是干扰信号在敌方通信系统接收端产生的能量与敌方通信发射机在敌方通信系统接收端产生的能量之比，通常用 dB 作为单位。此外，正如上文时间对准原则所述，干扰信号必须在通信过程中覆盖足够长的时间干扰才能有效，即达到一定的占空比。占空比通常用百分比来描述。

于是，干信比与占空比大小成为衡量干扰效果的主要标准与原则之一。根据实际测量、测试及理论推导，得出了通信干扰干信比与占空比需求如下。

- 在干扰模拟通信信号且该信号不采用任何抗干扰措施的情况下，通常要求干信比达到 10dB 以上，占空比达到 100%，干扰才会有效。
- 在干扰数字通信信号且该信号不采用任何抗干扰措施的情况下，通常要求干信比达到 0dB，占空比达到 33%（1/3），干扰即能生效（对于数字信号而言，通常把"误码率高于 50%"视作干扰有效）。

需要说明的是，上述要求是最理想状态下（敌方通信信号不采用任何抗干扰措施的情况下）的要求，因此，这些要求实际上提供了一个干扰生效的最低要求（"下限"）。在实际作战过程中，通信系统肯定会采用各种各样的抗干扰措施，因此，所需干信比、占空比都要比上述要求高很多。

2.3.3 通信干扰的分类

通信干扰可以根据不同的标准进行分类，并因此出现了诸如干扰策略、干扰样式、干扰体制等不同说法、概念，不过总体来说，只有专业从事该领域的人员才会对这些说法、概念有比较清晰的认知，作为普通读者，只需大致了解其含义即可，无须过多追求细节。

1．目标体制：干扰什么对象

按干扰对象所采用的通信体制不同，通信干扰可分为模拟通信干扰、数字通信干扰，或分为定频通信干扰、跳频通信干扰、直扩通信干扰等。

2．干扰策略：如何干扰+用什么干扰

干扰策略通常包含两层意思，即采用什么方法干扰和用什么信号来干扰，包括全频段干扰、邻接的部分频段干扰、非邻接的部分频段干扰、窄带噪声干扰、单音干扰、多音（MT）干扰等。

3．干扰体制：怎么干扰

干扰体制强调的是怎么干扰，尤其是关注干扰信号频谱与目标通信信号频谱的对应关系，包括瞄准式干扰、拦阻式干扰、单目标/多目标干扰。

4．干扰方式：系统工作方式

干扰方式强调的是对干扰发射机的控制方式，可分为自动干扰和人工干扰。

5．干扰样式：用什么干扰

干扰样式强调的是用什么体制的信号来实施干扰，包括噪声调制类干扰、音频干扰、梳状谱干扰、部分频带噪声干扰、相关干扰、脉冲干扰等。

6．引导方式：怎么引导

引导方式强调基于什么参数来引导干扰，包括时间引导、方位引导和频率引导。通信干扰中最重要的是频率引导，按干扰的频率引导方式又可分为定频守候干扰、连续搜索干扰、重点搜索干扰、跳频跟踪干扰四种。

7．干扰效果：预期效果如何

按照干扰效果来分类，可分为欺骗式干扰、搅扰式干扰、压制式干扰三类。

2.3.4 通信干扰的特点

1．主动性

通信干扰信号的发射，其目的不在于传送某种信息，而在于扰乱或破坏敌方

的军事通信过程。通信干扰以敌方的通信接收系统为目标，千方百计地"深入"敌方信息系统内部，这一点十分明确。

因此，通信干扰的最大特点是主动性，包括有源性、积极性、主动进攻性。

2．先进性、灵活性和预见性

首先，通信干扰以敌方的军事通信系统为对象，必须时刻跟踪敌方通信技术的最新发展并且要设法超过，只有这样才能开发出克敌制胜的通信干扰装备。因此，通信干扰是一项技术含量高、具有能在高技术领域内与先进通信技术不断进行较量的能力。

其次，作为对抗，通信干扰必须具备敌变我变的能力，现代战场情况瞬息万变，为了立于不败之地，通信干扰技术的开发与研究必须十分注重功能扩展的灵活性和技术发展的预见性。

总之，作为技术密集型领域通信电子战的一部分，通信干扰具备非常鲜明的先进性、灵活性和预见性等特点。

3．技战术综合性

同其他电子信息系统和武器装备一样，通信干扰的作用不仅取决于本身技术性能的优良，在很大程度上还取决于其战术使用方法的优劣。因此，通信干扰技术的发展必须与通信电子战战术的发展紧密结合，与通信展开技术和战术的综合对抗。

任何作战都不可能仅利用技术或仅利用战术来解决所有问题，必须是技战术综合作战，这一特点对于通信干扰而言更加明显。

4．体系破击性

随着信息技术的发展和现代化战争的需要，军事通信系统已经从过去单独的、分散的、局部的点对点结构，发展成为综合的、一体的、全局的、以数字技术为核心的网络化体系。因此，通信干扰作战也必须协同作战，将自身打造成体系破击作战的核心部分、体系对抗的主力。

2.4 破击体系：通信电子战系统

最早的通信电子战设备其实采用的就是通信电台：在通信侦察方面，制式相同的电台的接收机用于侦听不成问题；在通信测向与定位方面，使用有方向性的天线，就像无线电爱好者"抓狐狸"一样，根据方向性天线接收到信号（声音）的大小，可大致确定目标的方位；在通信干扰方面，可以用电台的发射机进行话音欺骗，或发送音乐、噪声等进行扰乱。

后来，随着通信技术的发展，各国的通信系统的体制、工作频段、调制方式等发展迅速，且各不相同，通信电子战为了取得更好的作战效果，各种专用的通信侦察接收设备、测向与定位设备、干扰设备相继问世，在 20 世纪多次战役中实现了良好的对抗效能。

随着网络化通信技术的发展及各种新体制通信设备的大量使用，为适应现代战争的需要，具有情报侦察、支援侦察、精确定位及大功率干扰等综合对抗能力的通信电子战系统应运而生，且其作战效能和技术性能随着通信技术的进步不断得到提高和完善。

现代战场上，通信电子战系统是为完成特定的作战任务，通过计算机和通信网络把多种通信对抗设备有机地连在一起，进行统一指控、战斗管理、协调的体系，能在复杂的电磁作战环境（EMOE）内，通过长时间侦察监视、情报收集、精确定位等前期工作，在关键时刻、主要方向、重点区域实施欺骗、扰乱或大功率压制干扰，使敌方的整个作战指控体系瘫痪。俗话说"打蛇打七寸，擒贼先擒王"，战场指控体系是指挥作战的核心或首脑机关，一旦瘫痪，部队就完全处于被动挨打状态，战争胜负自然不言而喻。因此，通信电子战系统在现代化战争的战场上就如同一把破击敌方体系的利剑，看似闲庭信步间即可断敌关键链路、瘫敌核心节点、破敌战场网络，进而实现体系破击的最终目标。

2.4.1 通信电子战系统的特点

1. 体系破击的本征能力

通信电子战系统先天、本质、固有体系破击的本征特点。这是因为，信息时

代作战体系构建本质上是"通信网支撑下的杀伤网",更具体地说就是"战场通信网络支撑下的 OODA 闭环"。那么,体系破击的任务自然就可以分解为对敌通信网络、态势感知网络(OO)、指控网络(D)、火力网络(A)等的体系性破击。而执行这些任务的核心手段就是通信电子战。

所以,从这一角度来看,通信电子战最本征的能力就是体系破击能力,同时也是任何其他电子战手段都无法实现的能力。

2. 统一协调的管理能力

通信电子战系统是一个有机的整体,可对系统内的设备进行最佳的组合,按照作战指挥程序和原则,处理好设备之间的相互联系,统一协调各设备的工作,充分发挥系统的整体效能。在采用合理的规模和配置后,通信电子战系统能在信号密集、复杂的环境下,进行全面搜索侦察,迅速识别出重要的目标,并控制测向定位设备或干扰设备对该目标实施精确定位或干扰破坏,以及在干扰过程中自动检测干扰效果、调整干扰样式和干扰功率,在敌方变换通信频率或改变信号样式后也能迅速跟踪、引导,并再次实施相应的干扰。随着技术的不断发展,通信电子战系统的这种统一协调的管理能力主要通过电磁战斗管理系统来实施。

3. 自动快速的反应能力

通信电子战系统采用高速计算机和处理器,在硬件和软件合理设计的基础上,信号分析处理能力强,自动化程度高,反应速度快。例如,系统内的干扰设备能及时分享侦察、测向与定位设备提供的信号特征参数、方位信息和优先等级,以保证对重要目标的实时干扰;能根据干扰效果及时调整最佳干扰样式和干扰功率,以保证干扰的有效性;系统内的侦察设备能根据目标搜索、截获、识别的结果对测向定位设备进行遥控,并对测向定位结果进行分析处理和误差修正,反过来利用方位信息对信号进行筛选,形成准确的战场态势等。随着技术的不断发展,通信电子战系统的自动快速反应能力在人工智能、机器学习等技术的加持下,得到了大幅提升。

4. 机动灵活的适应能力

通信电子战系统采用通用化、系列化设计和模块化结构,可根据使用目的和作战对象合理调整系统的规模和组成，如增减侦察、测向和干扰设备的数量，调整设备的配置。通信电子战系统无论在硬件上还是在软件上都留有扩展和升级余地，能在原配置的基础上增添新研制的设备以增加新功能，软件能在前一版本基础上进行升级完善。通信电子战系统还具有标准的软、硬件接口，以便与其他系统连接，组成更大的系统，或与其他系统共享资源。

另外，通信电子战系统工作时，能灵活自动地采用多种方法对信号进行搜索、截获、解调和测量，具有高截获概率；能自动对信号测向和定位，具有高定位精度；能运用数据库的规范，自动对信号进行筛选和分类，自动按优先等级引导干扰，当敌方采取改频措施躲避干扰时，系统具有较快的跟踪和改频干扰能力。

随着技术的不断发展，通信电子战机动灵活的适应能力主要是通过快速的电子战综合重编程（EWIR）来实现的，尤其是基于人工智能的电子战综合重编程。

2.4.2 通信电子战系统的分类

1．按载具分类

通信电子战系统按载具可分为地面固定通信电子战系统、地面移动通信电子战系统、有人/无人机载通信电子战系统、弹载通信电子战系统、舰载通信电子战系统、潜艇载通信电子战系统、星载通信电子战系统等，也可以由各种运载工具组合，形成多维立体的综合通信电子战系统。

2．按频段分类

通信电子战系统按频段可分为短波通信电子战系统、超短波通信电子战系统、微波通信电子战系统等。

3．按功能分类

通信电子战系统按功能可分为通信侦察系统（含通信侦察控制系统、搜索与截获系统）、通信测向与定位系统（含通信测向系统、通信定位系统）、通信干扰系统（含通信压制干扰系统、通信欺骗干扰系统）及综合通信电子战系统等。

2.4.3 通信电子战系统的组成

通信电子战系统不是各种设备的简单累加，而是根据使用目的不同，具有特定功能，以达到最佳效能。通信电子战系统的主要组成如下。

1. 通信侦察系统

通信侦察系统一般由多个侦察（控制）站、测向（定位）站或多个侦察测向站组成，其中一个为主站，其他为属站。各站的设备有搜索接收机（一般具有全景显示功能）、监测接收机、测向定位设备、信息分析处理和显示设备、内部通信和控制设备及计算机网络等。也有的侦察系统将包含上述设备的站称为主站，主站能完成对信号环境的搜索、分析、识别功能和本地测向功能。属站的组成相对简单一些，如只有监测接收、测向和定位设备，不具备信号搜索分析功能或功能相对较弱。主站能综合处理各测向站的数据，完成对目标的定位计算和对属站的遥控指挥。

2. 通信测向与定位系统

通信测向系统一般以测向（定位）站的形式包含在通信侦察系统内，用以对目标信号的测向和定位。对目标信号的测向是利用方向性天线或天线阵列在空域范围内旋转搜索，测量信号到达天线各阵元的幅度差、相位差或时间差实现的。为保证对目标信号的空域截获概率，目前的通信电子战系统中一般都包含独立的具有侦察能力的通信测向与定位系统，称为通信侦察测向与定位系统。图2.22是典型的通信侦察测向与定位系统的外观及内景。图2.23是典型的通信侦察测向与定位系统的配置情况。

3. 通信干扰系统

通信干扰系统由若干个干扰站和干扰指控中心组成，能按预定的干扰方案进行工作。干扰指控中心（即电子战战斗管理中心，可单独设置或安装在一个主干扰站内）可实施对干扰站的远距离遥控指挥，能根据侦察系统提供的数据确定干扰优先等级、干扰门限电平、监视干扰效果等。干扰指控中心内的主要设备有干扰引导接收机、侦收天线、内部通信控制设备、计算机等。干扰引导接收机对预置的干扰频段或信号进行选频搜索和显示,使操作人员实时掌握信号活动情况,统一调度各干扰站对出现的信号按优先等级实施干扰,当其中某干扰信号消失后,能及时调度该干扰站对次优先等级的信号实施干扰。典型的通信干扰机配置如图 2.24 所示。

图 2.22　典型的通信侦察测向与定位系统的外观及内景

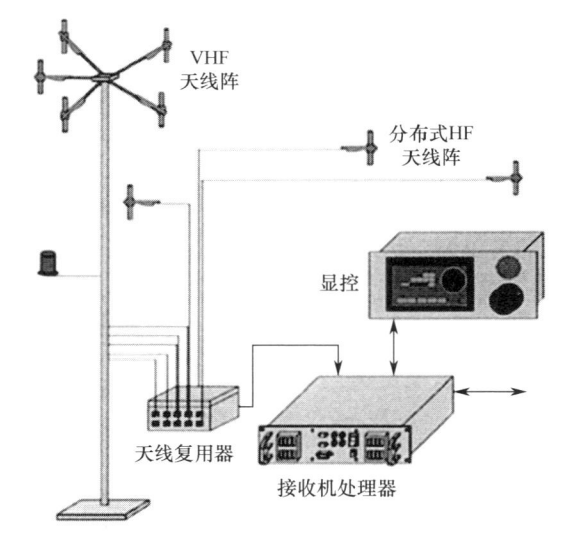

图 2.23　典型的通信侦察测向与定位系统的配置情况

4．综合通信电子战系统

综合通信电子战系统是指通过指控中心把通信侦察、测向和干扰等系统(站)有机结合在一起的大系统,主要包括指控中心(可单独设置或安装在一个侦察控制站内)、通信侦察系统(站)、通信测向系统[或通信侦察测向系统(站)]、通信干扰系统（站）及站间（内部）通信设备等。图 2.25 是一个典型的移动式综合通信电子战系统的组成及部署示意。

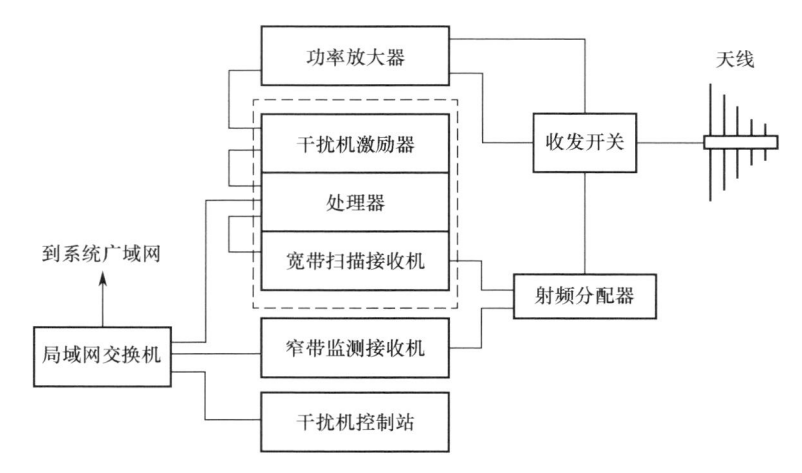

图 2.24　典型的通信干扰机配置

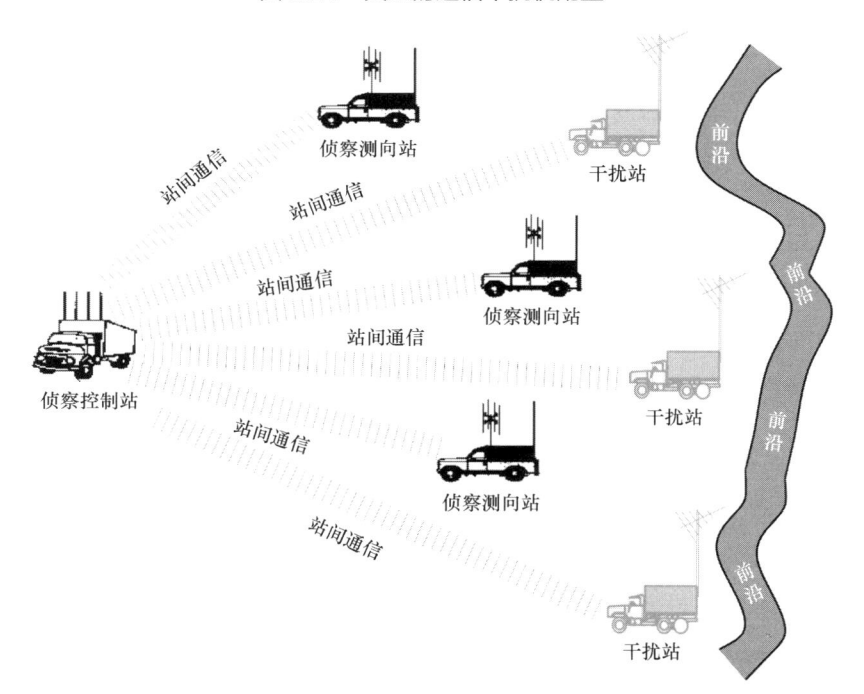

图 2.25　典型的移动式综合通信电子战系统的组成及部署示意

侦察控制站作为指控中心对全系统进行统一指挥，并完成对信号的搜索、截获、分选、识别、存储，控制侦察测向系统（站）对目标信号进行测向，测向数据发到侦察控制站，侦察控制站进行定位计算、综合分析、数据处理，确定需干扰的目标及其威胁等级、干扰参数和干扰功率，控制干扰系统（站）实施干扰。在干扰过程中，侦察控制站还能随时监视干扰效果，并对干扰系统（站）进行调整，充分发挥干扰的效能。

根据需要完成的作战任务，综合通信电子战系统的功能、组成规模和配置情况不尽相同。现代通信电子战系统是一个网络化、一体化的综合通信电子战系统，可对战场通信系统，特别是网络化通信系统实施体系破击。

参考文献

[1] 朱松，王燕，常晋聃，等. EW104：应对新一代威胁的电子战[M]. 北京：电子工业出版社，2017.

[2] 张春磊. 美军电磁频谱作战情侦融合特点探析[J]. 通信电子战，2021(3): 5-9, 15.

[3] 通信电子战编辑部. 电波制胜[R]. 嘉兴：中国电子科技集团公司第三十六研究所，2015.

[4] 张春磊，杨小牛. 从"电磁静默战"到"电磁环境利用"[J]. 信息对抗学术，2017(3): 4-7.

[5] 王铭三. 通信对抗原理[M]. 北京：解放军出版社，1999.

[6] 陆安南，尤明懿，江斌，等. 无线电定位理论与工程实践[M]. 北京：电子工业出版社，2023.

[7] 陆安南，尤明懿，江斌，等. 无线电测向理论与工程实践[M]. 北京：电子工业出版社，2020.

[8] NICHOLAS A O. Practical Geolocation for Electronic Warfare Using MATLAB[M]. Boston/London: Artech House, 2022.

[9] RICHARD A P. Electronic Warfare Target Location Methods[M]. Second Edition. Boston/London: Artech House, 2012.

[10] 楼才义. EW 103：通信电子战[M]. 北京：电子工业出版社，2017.

第 3 章
通信电子战装备现状

通信电子战自 1905 年首次实战运用以来，在许多战役中起到了至关重要的作用，特别是在通信情报侦察方面，起到了影响战争全局的决定性作用，很多成功战例已在本书第 1 章做了阐述。经过近 120 年的曲折、螺旋式的发展，通信电子战已从战争"幕后"走向"前台"，从"支援装备"转型为"主战装备"，并贯穿战争的全过程，取得了从无到有、从有到强、从强到精的快速发展。

尤其是最近 20 多年来，随着信息时代的到来和信息化战争的出现，通信电子战的发展势如破竹。综观这些年，通信电子战装备技术不断创新，作战能力不断提升；通信电子战作战平台从过去以地基平台为主向空、天、地、海基平台全面发展；装备运用理念从早期的以通信情报侦察为主向情报与攻击一体化运用发展。

第 3 章 通信电子战装备现状

3.1 战略制高——天基通信电子战

天基平台指的是各种位于太空（通常指 100km 以上的空域）和临近空间（near space，通常指 20～100km 的空域）的平台。这类平台上搭载的通信电子战装备具备巨大的升空增益，因此，无论是侦察还是干扰，都具有空中、地面、海面、水下平台所无法比拟的优势，特别是其无国界限制和全天候、全天时、全球覆盖的工作特点，在信息化战争中发挥了巨大的作用。

近年来，以美国为首的军事强国特别注重加强天基电子战能力的建设。美军已把依靠天基电子战装备夺取和保持太空控制权作为维护其世界军事霸权地位的关键手段，并成为其夺取战场信息优势的主要支撑力量。

2021 年，英国 Artech House 出版了由 David L. Adamy 撰写的《太空电子战》一书，全书共分为 10 章和 3 个附录，从基础知识到具体问题，详细介绍了太空电子战的相关内容。该书融合了太空与电子战两个学科的交叉内容，是为数不多的专门介绍天基电子战的图书，也正式构建起了太空电子战技战术体系。

3.1.1 美军天基电子战发展概述

美军在天基电子战发展方面起步最早、理念比较先进，在领域内的发展很有典型性。

1. 借助"施里弗"演习演示太空电子战能力

2023 年 3 月 20—31 日，美国太空训练与战备司令部在美国亚拉巴马州麦克斯韦空军基地的空军兵棋推演研究所组织开展了"施里弗-2023"演习（Schriever Wargame），这是自 2001 年以来美国举行的第 16 次"施里弗"系列太空战演习。

2001 年的第一次"施里弗"演习中，美军就想定了"利用电磁微波武器干扰和摧毁敌方太空系统的通信指挥环节"，这可以视作"施里弗"演习中天基通信电子战的首次尝试。

2003 年的第二次"施里弗"演习中，美军想定了"将新的航天、信息战、全球打击、C^4ISR 和导弹防御等能力融合为一体"，可视作电子战（属于信息战的一部分)融入联合作战体系的尝试。

2005年的第三次"施里弗"演习中,美军想定了"如何在战争中使用航天信息装备支援陆、海、空联合作战",首次正式将"太空电子战"概念引入演习中。

2016年的"施里弗"演习中,美军想定了对敌进攻性武器系统实施干扰和摧毁,验证了电子战对太空系统生存的重要性。通过演习发现:为有效保卫美国太空资产,可能并可行的做法就是对敌方太空能力实施压制,即"通过欺骗、拒阻、干扰、削弱和/或摧毁手段,瘫痪或损毁敌方的进攻性武器系统"。

2. 发布战略与条令文件指导太空电子战发展

随着高功率微波、高能激光、在轨武器等技术的不断发展,太空电子战在2010年之后得到了高度重视,原本由于密级过高、技术过于先进、交战规则比较模糊等多方面原因而无法公开讨论的太空电子战领域,逐渐摆上台面。

2011年2月4日,美国国防部和情报部门公布了10年期的《国家安全太空战略》。负责太空政策事务的国防部副部长格雷戈里·舒尔特说:"逐渐地,我们不得不对发展反太空战力的国家感到担忧,因为这种战力可在太空用于非和平目的。"此外,美国还在《美国航天司令部长期发展规划》中指出:"美国航天力量在21世纪的首要任务是夺取太空优势,为确保(全球的)信息优势打下坚实的基础。"

2018年6月,美国总统下令启动太空军(United States Space Force)成立相关工作。2019年年底,太空军正式成立,成为继陆军、海军、空军、海军陆战队之后的又一新军种,其主要职责之一就是太空电子战。

2020年6月,美国国防部发布了《美国国防太空战略摘要》,给出了"太空对抗图谱",其中就包括了定向能武器、拒止与欺骗、赛博空间威胁、电子战等可能对太空资产造成威胁的技战术手段,所有这些都与天基电子战领域有密切关系。

2020年10月26日,美国参谋长联席会议发布了修订版联合出版物《JP 3-14:太空作战》条令,该条令是对2018年版条令的修订。该条令明确指出,通信干扰、GPS干扰与欺骗、高能激光等电子战手段是太空作战面临的主要威胁。

2021年,美国战略与国际研究中心(CSIS)发布了《抵御太空黑魔法:保护太空系统免遭反太空武器攻击》,系统阐述了太空防御所面临的四大类主要威胁,电子战反太空武器是其中之一。尽管该报告不是美国军方正式发布的文件，但其在技术方面的阐述非常具体，尤其是系统阐述了天基通信电子战的使用方法，概述如下。

天对天通信干扰。所用设备包括天基星间链路干扰机、天基高功率微波武器等。工作方式为：反太空卫星被送入轨道，并使用非动能手段（如高功率微波或干扰机）干扰另一颗卫星的运行。所产生的效能包括：可以在不进行物理接触、产生碎片或以其他方式影响其他卫星的情况下削弱、扰乱或摧毁目标卫星。这种影响可以是暂时或永久性的，具体取决于所用的攻击方式和目标卫星的保护能力。

天对地通信干扰。所用设备包括天基下行链路干扰机等。工作方式为：装备非动能武器的卫星可以瞄准地球上的目标，如用来干扰雷达或卫星地面站的干扰机。所产生的效能包括：使用时，效果会局限于目标区域，但这种系统理论上可以毫无预警地攻击任何地方。

2022 年，美国国防情报局（DIA）发布了《太空安全挑战（第二版）》，这是 2019 年美国国防情报局发布的第一版报告的更新版，重点对 2019—2021 年美国"潜在对手"的太空发展情况进行概述。其中，提出了"反太空威胁综合体"的概念（见图 3.1），电子战、拒止与欺骗、定向能武器等都属于该综合体中的重要组成部分。

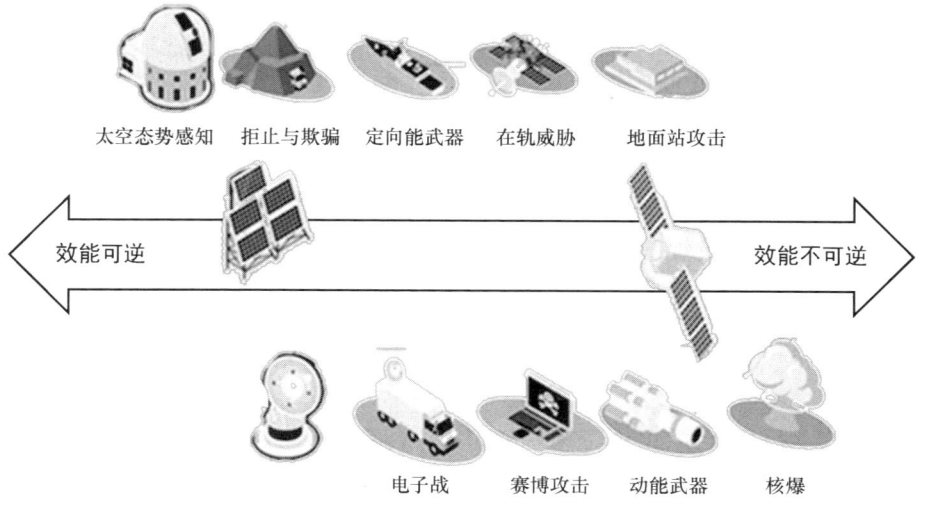

图 3.1 反太空威胁综合体

《太空安全挑战（第二版）》还专门介绍了可能威胁太空资产安全的天基武器的主要类别，如图 3.2 所示，其中，从技术角度来讲，射频干扰、激光武器、高功率微波三类武器都可归入广义上电子战的范畴。因为根据美军《JP 3-85：联合电磁频谱作战》条令的定义，定向能武器（含高能激光武器、高功率微波武器等）都属于电子战的电子攻击手段。

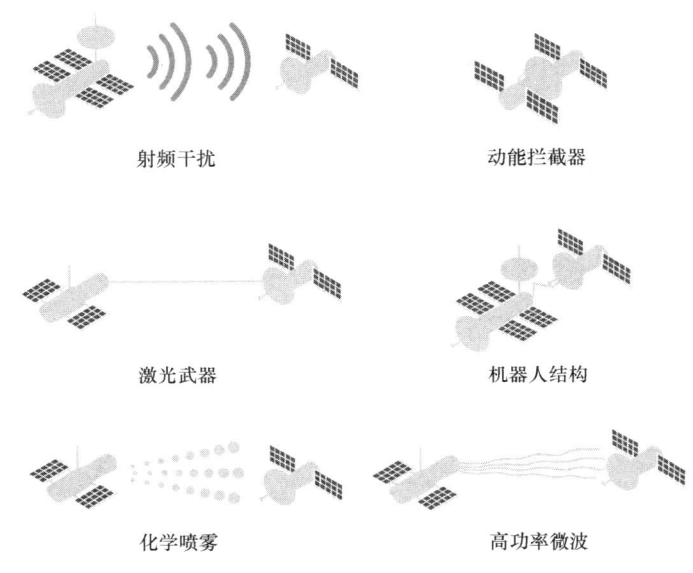

射频干扰　　　　　　　动能拦截器

激光武器　　　　　　　机器人结构

化学喷雾　　　　　　　高功率微波

图 3.2　威胁太空资产安全的天基武器的主要类别

2024 年 3 月，美国国防部发布了《美国国防部商用太空集成战略 2024》，阐述了美国国防部商用太空集成的基本原则、优先事项、实施途径及关键任务领域，为国防部提供了战略指导，以确保国防部能够充分抓住与商业实体合作的机会，实现这些目标。2024 年 4 月，美国太空军发布了《美太空军商用太空战略》，阐述了美国太空军所面临的战略环境与商业部门背景，分析了给航天行业带来的机遇，展望了预期实现的效果，并重点阐述了实现预期目标所采取的途径。这两份文件奠定了"将商用天基通信电子战纳入军用领域"的法理基础。

3.1.2　大国高度重视电子侦察卫星发展

电子侦察卫星，亦称信号情报（SIGINT）卫星，分为电子情报（ELINT）卫星和通信情报（COMINT）卫星。在电子侦察卫星领域，美国等国家有时候会用"电子情报"代指整个"信号情报"，因此，有些标称的"电子情报卫星"实际上兼具"通信情报"与"电子情报"两种功能。本部分为避免歧义，统一称作"信号情报卫星"或"电子侦察卫星"。此外，由于电子侦察卫星基本上兼具"通信情报"与"电子情报"两种功能，本部分也没有专门将通信情报卫星挑出来介绍，而是将卫星作为一个整体介绍。

1. 电子侦察卫星功能与任务概述

电子侦察卫星可以不受地域和天气条件的限制，大范围、长时间地监视和跟踪敌方雷达、通信信号，从而及时获得敌方军用电子系统的部署地点、特征信号和活动情况及新型武器试验的信息，最终了解敌方军队的调动、部署及战略意图。电子侦察卫星已成为现代情报侦察中不可或缺的手段，美国、俄罗斯、法国、英国等国家都发射过这种卫星。

简而言之，电子侦察卫星的任务是"获取敌方各种级别（战术、战役、战略）的技术侦察与情报侦察成果"。具体来说，包括侦收并记录目标国的无线电通信和雷达信号，窃听其他国家军事部门和政府机构的通信内容等。用这种方法可以实现以下目标：侦察到敌方纵深地区的雷达、通信系统和导弹试验等活动，借以了解导弹的发展情况和雷达、电台的性能参数及其地理位置数据；在一定程度上揭示敌方军队调动、新武器试验和装备情况，甚至战略意图。

具体地说，电子侦察卫星主要有以下几个任务：截获敌方军、民用雷达信号，分析其技术特征、测定其地理位置，为战时实施赛博攻击、电子攻击、火力打击提供情报支持；侦收和记录敌方军事部门和政府机构的通信信号，分析信号特征、窃听其内容、测定其辐射源地理位置，从而还原敌方电子战斗序列或掌握敌方潜在的军事行动和作战计划；截获敌方导弹试验时使用的遥控遥测信号，通过对信号的分析，了解导弹性能数据，掌握敌方战术、战略武器发展状况；截获海洋中水面舰艇和潜艇发射的各种无线电信号，以通过无源手段监视敌方水面舰艇和潜艇的活动。

此外，由于部分海洋监视卫星同样利用侦收电磁信号的手段来监视海上船只，因此也进行相关陈述。静地轨道信号侦察卫星与低轨道信号侦察卫星的侧重点也有所不同：静地轨道（GEO）电子侦察卫星主要用于侦察感兴趣区域的连续性信号情报；低轨（LEO）电子侦察卫星通常采用星间组网方式运作，更适合针对固定区域进行定期监视。

2. 美国的电子侦察卫星已发展到第五代

美国的电子侦察卫星可担负通信情报、电子情报、遥测情报（TELINT）和雷达情报（RADINT）四种不同的任务，根据其轨道类型不同，主要包括以下几类：低轨卫星（主要用于美国空军和海军）、大椭圆轨道卫星（HEO，主要用于美国空军和海军）、静地轨道（主要用于美国空军、美国太空军和美国中央情报局）。

自 1960 年 6 月发射世界上第一颗电子侦察卫星（GRAB 卫星，见图 3.3）以来，美国的信号情报卫星已从 20 世纪 60 年代的第一代卫星发展到目前的第五代卫星。

图 3.3 GRAB 电子侦察卫星

目前，美国主要使用第四代和在研的第五代电子侦察卫星，包括"水星"（Mercury）、"顾问"（Mentor）、"号角"（Trumpet）、"徘徊者"（Prowler）、"复仇女神"（Nemesis）和"天基广域监视系统（SBWASS）/入侵者"（Intruder）等电子侦察卫星。美国电子侦察卫星/海洋监视卫星发展情况如表 3.1 所示。

第 3 章 通信电子战装备现状

表 3.1 美国电子侦察卫星/海洋监视卫星发展情况

轨道及归属	第一代 20 世纪 60 年代	第二代 20 世纪 70 年代	第三代 20 世纪 80 年代	第四代 20 世纪 90 年代	第五代 2000 年以后
静地轨道（美国空军）		峡谷	小屋 漩涡	高级漩涡/水星	复仇女神
静地轨道（中央情报局）		流纹岩 水技（Aquacade）	大酒瓶/猎户座	顾问/高级猎户座	
大椭圆轨道（美国空军）			折叠椅	号角/高级折叠椅	徘徊者
低地轨道（信号情报）	雪貂（Ferret）	雪貂子卫星系统（Sub-Sats）		雪貂-D	天基广域监视系统/入侵者
低地轨道（美国海军海洋监视）	Grab/罂粟（Poppy）	白云海洋监视卫星系统（NOSS）	天基广域监视系统（电子侦察为主）		

美国电子侦察卫星采用大范围扫描与重点区域监视结合、普查与控守交互的截获和监听方法，持续监控通信、雷达与测控信号。定位在西太平洋和印度洋上空的电子侦察卫星星座，主要用于侦察监视目标区域的通信和其他电子辐射。

冷战结束后，随着世界政治格局的变化和卫星技术的进步，早期发展的第二代"峡谷"（Canyon）、"流纹岩"（Rhyolite），以及第三代"小屋"（Chalet）、"漩涡"（Vortex）、"猎户座"（Orion）、"大酒瓶"（Magnum）和"折叠椅"（Jumpseat）等电子侦察卫星，已陆续退役——有些卫星（如"大酒瓶"）仍然发挥着重要作用。下面主要介绍美国在役的电子侦察卫星。

1）第三代电子侦察卫星

"大酒瓶"是第三代电子侦察卫星中仍然在役的超大型静地轨道星，拥有两副口径为 76.2m 的巨型碟形天线和多馈源喇叭形接收机（见图 3.4），用于监测目标区域内的军事和外交电信广播、微波通信、无线电话或更微弱的电子信号。

2）第四代电子侦察卫星

第四代电子侦察卫星主要包括"顾问""水星""号角"三个系列，这些卫星在科索沃战争中起到了非常重要的作用。

（1）"顾问"（或译为"门特"）。"顾问"是"大酒瓶/猎户座"卫星的升级版，也称"高级猎户座"，用于截获信号情报，可接收的最小地面信号强度是低轨道卫星的 1/5000，可窃听几千个通信信号，提供政治和军事意图的信息。

图 3.4 "大酒瓶"电子侦察卫星示意

（2）"水星"（"先进漩涡"）。"水星"主要侦察通信情报，但也具备截获导源遥测信号的能力。该系列卫星运行在静地轨道。据称，"水星"系列的通信情报侦察能力已并入"先进猎户座"系列。

（3）"号角"（或译为"喇叭"）。该卫星（见图3.5）运行在近地点360km、远地点36800km 的大椭圆轨道上，主要任务是把窃听范围扩大到高纬度地区。该卫星配备了极高频（EHF）中继通信系统，装有复杂而精细、直径约为100m、展开后足有一个足球场大的宽带相控阵天线，可同时连续监听上千个地面通信信号及岸基与核潜艇之间的通信信号。

3）第五代电子侦察卫星

为提高侦察质量，降低成本，"入侵者""徘徊者""复仇女神"等第五代电子侦察卫星采用"一体化顶层信号侦察体系架构"（IOSA），具有变轨能力，以逐步替代前四代所有静地轨道和大椭圆轨道的电子侦察卫星。

（1）"入侵者"。该卫星是第五代超大型静地轨道电子侦察卫星，汇集了"大酒瓶""水星""号角"等卫星的功能，集通信情报和电子情报侦察于一身。

（2）"徘徊者"。该卫星具有隐身特征，被认为是精确信号情报系统（PSTS）

先进概念技术演示验证（ACTD）系统的先驱，用于侦察、定位战略目标，该系统向用户提供的目标定位精度比任何系统独自工作时的性能高 10 倍以上。

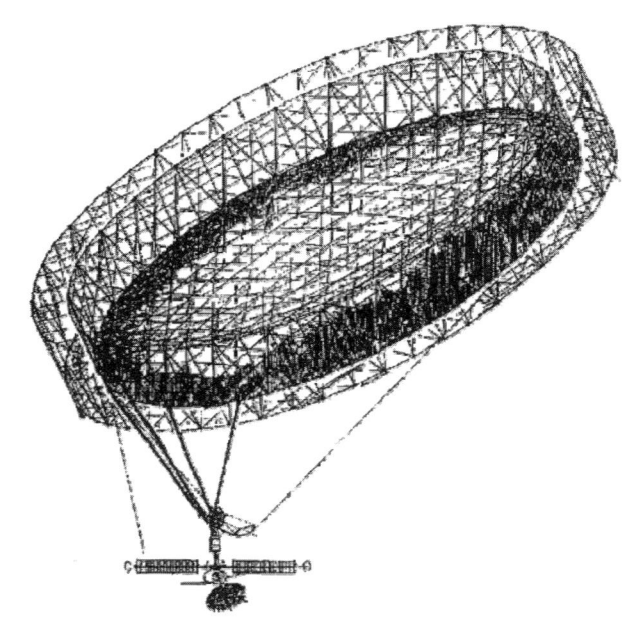

图 3.5 "号角"侦察卫星

（3）"复仇女神"。据称，该系列卫星是美国国家侦察局极为保密的地球同步轨道信号情报卫星，也是美军天基侦察体系的重要组成部分。目前，可以确定该系列卫星至少有两颗，即"夜晚守护神""克里奥"（CLIO）卫星，如图 3.6 所示。另外，"顾问-4"卫星上也可能载有类似"复仇女神"卫星的载荷。据称，该卫星的任务描述为：从太空收集外国卫星（FORNSAT）信号——以通过常规手段无法访问的商业卫星上行链路为目标。

4）海洋监视卫星

海洋监视卫星兼具电子侦察和雷达探测、雷达成像等能力，本部分也将其一并介绍。美国目前主要有"高级白云"和天基广域监视系统（SBWASS）两个系列。

（1）"高级白云"海洋监视卫星。该系统是第二代海洋监视卫星系统（NOSS-2），由 4 组 16 颗卫星组网工作，每组 4 颗卫星采取"一母三子"的形式，由一颗大型卫星和 3 颗小型子卫星组成。"高级白云"卫星装载有侦察接收机、全向天线阵等

设备，利用到达时差（TDOA）定位方式来测定舰船的位置、航向和航速，定位精度为 2～3km。为探测核潜艇尾流，"高级白云"卫星还装有毫米波辐射仪和红外扫描仪。星上的 40 单元全向天线阵，可在 154MHz～10.5GHz 频段上截获 3500km 波束范围内的信号，可为装备有"战斧"式巡航导弹的军舰提供超视距侦察和目标指示。

图 3.6 "复仇女神"侦察卫星

（2）天基广域监视系统。该系统是第三代海洋监视卫星系统（NOSS-3，但其电子侦察能力属于第五代），是将美国海军天基广域监视系统（SBWASS-Navy）与陆/空军天基广域监视系统（SBWASS-Air Army）合并而成的一个美国国防部项目，也称为"入侵者"。其具有全球监视能力，不但包括对全球海军舰船和民用船舶进行跟踪、特征和情报收集，还包括对地和对空监视。其无源定位精度较之"高级白云"卫星有了进一步提升。除电子侦察载荷外，其还搭载了雷达和红外成像等多种侦察载荷，集成了海军海洋监视和空军战略防空的侦察需求，具有全天时全天候的全球侦察监视能力。

3．其他国家电子侦察卫星发展各具特色

除美国外，俄罗斯、法国等国家也在电子侦察卫星领域打造了各具特色的电子侦察卫星体系。

俄罗斯近年来主要以"藤蔓"（Liana）系列电子侦察卫星为基础打造其电子侦察卫星体系。2014 年 12 月 25 日，俄罗斯从普列谢茨克航天发射场成功发射了一枚"联盟"2-1B 火箭，将一颗"莲花-S"（Lotos-S）电子侦察卫星送入太空。该新型电子侦察卫星将用于监听全球无线电通信，电子侦察专家也可以利用截获的信

号对各种设施和军用平台实施定位、特征分析和目标瞄准。"莲花-S"是俄罗斯研制的新一代电子侦察卫星,首颗卫星于 2009 年 11 月发射并一直工作到 2011 年。2014 年发射的是"莲花-S"系列的第二颗卫星,搭载了更先进的载荷,原计划于 2012 年年初发射,但由于技术原因拖延了两年多时间。"莲花-S"系列卫星是俄罗斯"藤蔓"卫星星座的一部分。该星座还包括用于海上情报监视的"介子"(Pion)卫星,该卫星可帮助俄罗斯海军对敌方舰只进行定位和目标瞄准,如图 3.7 所示。2022 年 4 月,俄罗斯成功发射"宇宙 2254"号卫星,据称,该卫星是"藤蔓"卫星星座发射的第 6 颗卫星。

图 3.7 "莲花-S"卫星的工作原理示意

法国则主要以"谷神"(CERES)系列卫星为基础打造其电子侦察卫星体系,此外,法国还有"樱桃"(CERISE)、"小柑橘"(Clementine)、"蜂群"(Essaim)、"艾丽莎"(ELISA)等电子侦察卫星。2015 年,法国空客公司与法国国防采购局(DGA)签订了一份价值 4.87 亿美元的合同,为其建造 3 颗"谷神"卫星(见图 3.8),用于太空信号情报(SIGINT)任务。这是法国"天基电磁情报"项目的一部分。泰勒斯公司负责卫星信号情报有效载荷的研发。首颗"谷神"卫星于 2020 年开始运作。该卫星具备最新的太空信号情报侦察能力。3 颗卫星在轨位置距离较近,可通过组网协同来实现对地面信号的检测、定位。"谷神"系列卫星的主承包商包括空客公司和泰勒斯公司:前者负责太空卫星部分,后者则负责有效载荷和地面站部分。

此外,2019 年 4 月 1 日,印度发射了本国首颗电子侦察卫星"电磁情报收集卫星"(EMISAT),如图 3.9 所示。该卫星运行在太阳同步轨道,搭载了电子侦察载荷,其目的是检测、识别、定位电磁信号,包括军用雷达信号等。

图 3.8 法国"谷神"信号情报卫星效果

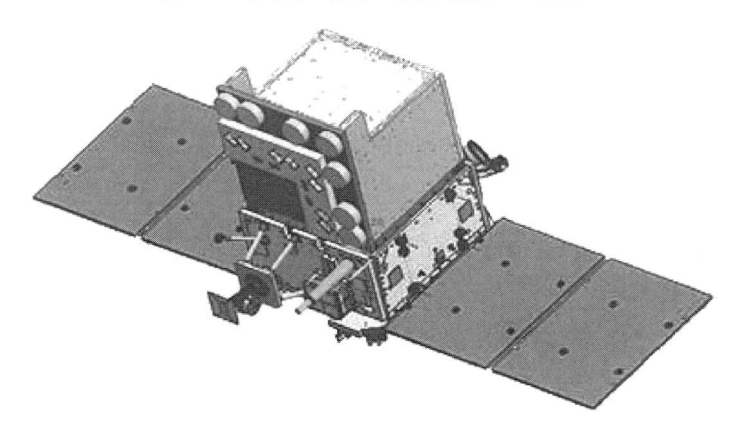

图 3.9 印度 EMISAT 电子侦察卫星示意

4. 电子侦察卫星发展趋势

1）情报融合已成大势所趋

与水下、水面、地面、空中等部署的侦察平台一样,只有通过多源情报融合才能产生有用、可用的态势信息。因此,近年来电子侦察卫星的情报融合能力不断提升,且这种趋势还将持续下去。从外军电子侦察卫星发展来看,未来情报融合大致可采取以下几种方式:信号情报自身的融合,即通信情报与电子情报融合;信号情报与其他情报卫星融合,尤其是信号情报与图像情报的融合;天基情报与地基情报融合。

2）阵列天线、阵列处理地位将显著提升

阵列天线、阵列信号处理在外军电子侦察卫星领域的应用已有"悠久历史",1960 年美国发射的世界上首颗电子侦察卫星 GRAB 就采用了十字天线阵。随着阵列天线、阵列信号处理在技术灵活性、多目标能力、物理特性（尺寸、体积、功耗）等方面的优势不断显现，未来阵列天线、阵列信号处理等在电子侦察卫星领域的地位必将稳步提升。

3）天基组网将助力提升侦察效能

在美军网络中心战理念的指导下，国外天基系统网络化进程不断推进，电子侦察卫星自然也不例外。可以预见，从某种意义上讲，未来电子侦察卫星效能的提升将在很大程度上取决于其网络化程度的提升。综合来看，外军电子侦察卫星的天基网络化主要采用两种方式：天基组网侦察，即以星座的方式将各种侦察卫星组成网络，以提升总体侦察效能；天基侦察数据组网传输，即通过电子侦察卫星与数据中继卫星组网实现侦察数据的快速、超视距传输。

4）侦察目标将进一步拓展

目前来看，外军电子侦察卫星的侦察目标主要是雷达信号、通信信号、测控信号三类，但随着各国对综合态势感知能力需求的不断提升，未来电子侦察卫星的侦察目标可能扩展到整个可用电磁频谱，即凡是可接收的射频信号都有可能成为电子侦察卫星的侦察目标。"全频谱感知"能力将成为电子侦察卫星的主要能力之一。

3.1.3 临近空间浮空平台拓宽通信电子战的时空范围

临近空间又称为亚轨道或空天过渡区，包括大气平流层区域、中间大气层区域和部分电离层区域。国际航空联合会（FAI）将其范围确定在23～100km，国际惯例则通常将该范围确定为20～100km。该区域处于绝大多数防空导弹射程外，在执行通信情报侦察和通信电子战任务时，既可实现广域覆盖，又比卫星离地球表面近，可发现更多微弱的目标信号。

临近空间浮空平台包括系留气球、平流层飞艇、临近空间飞艇等，与其他升空平台相比，具有滞空时间长、可以定点和抵近目标工作、实现对感兴趣目标的持续侦察监视和干扰等特点。临近空间的浮空平台已经在预警监视领域得到了广泛应用，并开始逐渐应用于电子侦察方面，作为对卫星侦察能力不足的补充，也不排除用于电子干扰。通常，临近空间浮空平台会同时搭载多种载荷，可具备多种电子信息功能，如图3.10所示。

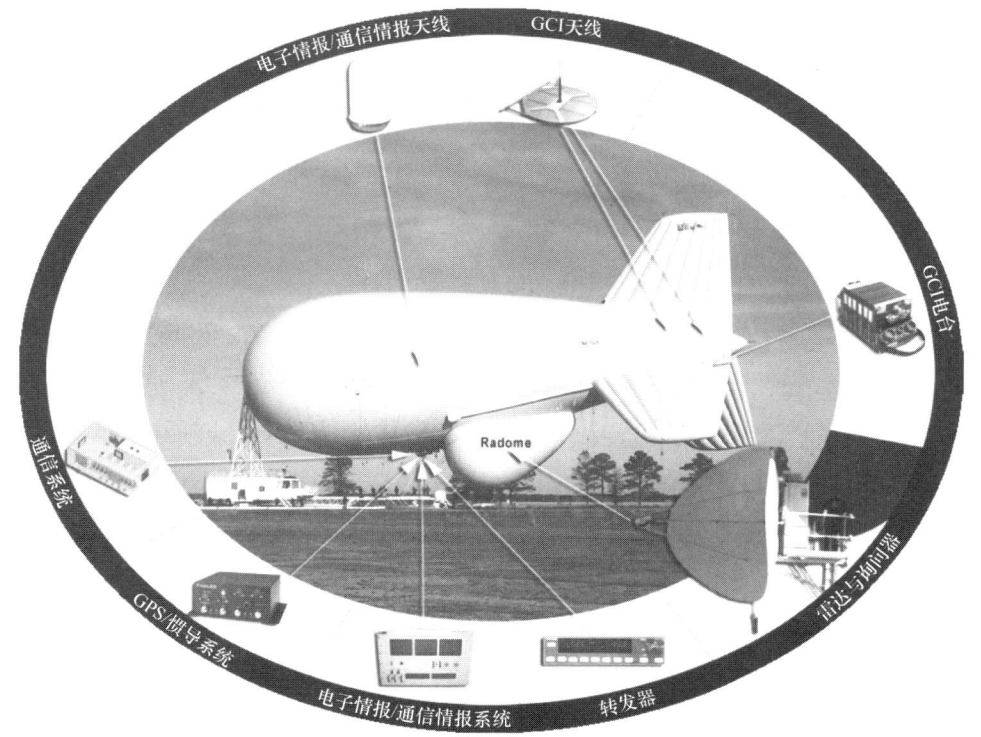

图 3.10　临近空间浮空平台载荷及其功能示意

3.1.4　空天无人机将成为新型太空电子战平台

2010 年 4 月 22 日，美国成功发射首架可重复飞行的空天无人机 X-37B［美军称为"轨道试验飞行器"（OTV），见图 3.11］。同年 12 月 3 日，X-37B 结束了首次飞行，在低地轨道（300~400km 高度）上安然度过了 244 天，在没有人工导航的情况下，自动降落在加利福尼亚州的范登堡空军基地。此后，X-37B 又陆续进行了多次飞行试验，最长的一次其持续在轨时间达到了 908 天，如表 3.2 所示，其中，第三次发射时验证了对太空的监视能力，可能包括信号情报侦察能力。

X-37B 空天无人机发射后，美军一直对其任务三缄其口。互联网上充斥着 X-37B 是一个先进的侦察机和卫星杀手，可让别国太空计划陷于瘫痪等文章。也有报道说，X-37B 空天无人机在飞行过程中，可用于通信侦察。据称，X-37B 装有的"机械手"，可部署小型卫星或捕获卫星；X-37B 可在 2 小时内攻击全球的任何目标。因此，X-37B 空天无人机堪称"空天战机"雏形，也可能成为太空电子战的新平台。

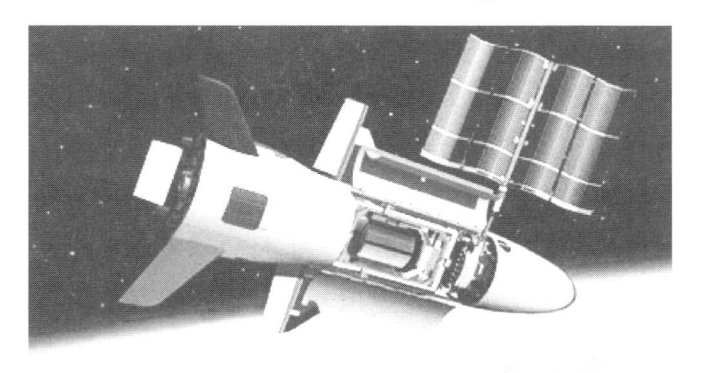

图 3.11　X-37B 空天无人机示意

表 3.2　X-37B 在轨情况

发射时间（当地时间）	返回时间	在轨天数	轨道（近/远地点）/km
2010 年 4 月 22 日	2010 年 12 月 3 日	224	400/418
2011 年 3 月 5 日	2012 年 6 月 16 日	468	321/337
2012 年 12 月 11 日	2014 年 10 月 17 日	674	350/368
2015 年 5 月 20 日	2017 年 5 月 7 日	717	321/337
2017 年 9 月 7 日	2019 年 10 月 27 日	780	355/356
2020 年 5 月 17 日	2022 年 11 月 13 日	908	未知
2023 年 12 月 28 日	未返回		

3.1.5　军商混合成为新主流

2024 年 3 月，美国国防部发布了《美国国防部商用太空集成战略 2024》，阐述了美国国防部商用太空集成的基本原则、优先事项、实施途径及关键任务领域，为国防部提供了战略指导，以确保国防部能够充分抓住与商业实体合作的机会，实现这些目标。该战略认为，美国国防部将商用太空解决方案集成到国家安全太空任务和架构中的能力对于在 21 世纪提高美国的太空安全弹性和加强太空威慑至关重要。这种集成将有助于维持美国的技术优势，使对手无法通过攻击美国国家安全太空系统获得利益，并有助于建立一个安全、可靠、稳定和可持续的太空领域。

2024 年 4 月，《美太空军商用太空战略》阐述了美国太空军所面临的战略环境与商业部门背景，分析了给航天行业带来的机遇，展望了预期实现的效果，并重点阐述了实现预期目标所采取的途径。这些途径包括提高协作透明度、业务和技术集成、确保风险管控、保障未来安全。

总之，在太空领域，军商融合、军商一体的架构已经成为未来的典型架构，电子战领域也是如此。例如，俄乌冲突中，"鹰眼360"（HawkEye 360）的商用电子侦察卫星就专门对俄乌战场上的射频信号（包括 GPS 干扰信号）进行了侦察，并反馈给了北约国家及乌克兰，可以说是实现了"间接参战"，军商融合特征明显。"鹰眼 360"是第一家进入天基射频监测市场的商业公司，也是少数已将立方体卫星发送入轨的公司之一。其在低轨道上部署小型卫星星座系统（见图 3.12）来监测和定位射频信号，利用采集的信号提供数据分析产品和服务，为特定应用提供频谱感知基础服务。

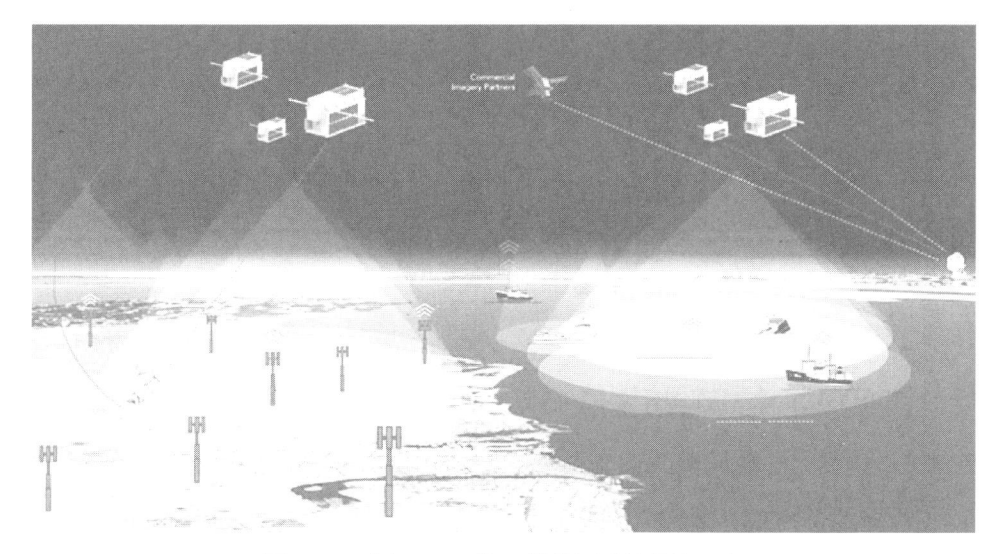

图 3.12 "鹰眼 360"天基监测系统结构示意

3.2 长盛不衰——空基通信电子战

航空电子战在美国和苏联发展较早，且长盛不衰，主要包括有人驾驶的电子战飞机和无人驾驶的电子战无人机，以及装载电子战装备的其他飞机。20 世纪五六十年代，美国 U-2 高空侦察机和 P-2V 侦察无人机等曾对我国频繁进行侦察活动，被多次击落。

3.2.1 "永葆青春"的通信电子战飞机

美军机载电子战装备在数量和技术上一直处在世界前列,拥有世界上最大规模的电子战飞机(包括电子战直升机),仅 EA-18G"咆哮者"电子战飞机就列装了 200 架左右,并且几乎所有作战飞机(甚至包括运输机等非作战飞机)上都装有电子战装备。目前,美军在不断研发新型机载电子战装备的同时,还抓紧升级改造现有机载电子战能力,提高作战功能和技术性能,使其"永葆青春"。

1. 提升空中通信电子侦察能力

电子侦察机是获取情报的重要手段,得到美国等世界军事强国的高度重视和快速发展。

美军装备有 RC-135V/W"联合铆钉"(Rivet Joint)系列、EP-3E"白羊座"系列、RC-12"护栏"系列等电子侦察机和各式型号的机载电子侦察装备。目前,美军正在实施重大的机载信号情报力量升级改造,并已获得大量资金的支持。

1) RC-135V/W"联合铆钉"电子侦察机

美军 RC-135V/W"联合铆钉"电子侦察机问世于 20 世纪 60 年代,采用波音 707 机体,1971 年开始服役,如图 3.13 所示。RC-135 电子侦察机的最初任务是为国家情报局侦听敌方的无线电通信。在采取任何军事行动之前,RC-135V/W 电子侦察机和其他特种任务飞机都要积极地测定敌方通信和电子辐射源的类型和位置,得到敌方的电子战斗序列,这是战场情报准备的一部分。

图 3.13 RC-135V/W"联合铆钉"电子侦察机

美国空军对现有17架RC-135V/W电子侦察机不断升级，延长服役期。当前进行的基线8升级改进包括增加新型天线、计算机处理器等新设备，装备远程飞机位置后援系统，加装"网络中心协同目标瞄准系统"（NCCT），更换导航系统等，使RC-135V/W电子侦察机进一步向现代化自动战场信息共享网络方向发展，可与无人机和其他飞机建立直接联系，成为美军网络中心战的重要组成部分及战场网络对抗的重要工具。

平时，RC-135V/W电子侦察机主要用于对世界范围内的目标国进行高空远程战略侦察。战时，其主要用于完成战术侦察任务。RC-135V/W电子侦察机能够迅速捕捉和分析战场上的各种电子威胁，然后将分析的结果与其他电子战系统进行协同，最后把目标的数据提供给打击力量。战时美国空军运用RC-135V/W电子侦察机的常规方法是与E-3空中预警机和"联合星"系统联播，向决策者、战场指挥官和战斗机飞行员提供适时的战斗管理情报。RC-135V/W电子侦察机可执行以下三项基本任务：①指示对方部队的位置和意图，并对对手有威胁的活动进行告警，这些数据通常被送到E-3预警机或地面情报站，然后再送到作战单位；②广播各种直接话音信息，优先级最高的是战斗咨询广播和临近威胁告警，直接传送至处于危险之中的飞机，这可能涉及对方飞机或地空导弹准备发射的信息；③通过数据和话音链路将最新的目标信息传给地面空防部队，如"爱国者"导弹基地，为导弹操作员提供来袭飞机或导弹的精确位置。

RC-135V/W电子侦察机的身影近年来频频出现在战场上、热点地区和例行性侦察行动中。在美军入侵巴拿马的所谓"正义事业"中，RC-135V/W电子侦察机首次参加实战；在海湾战争"沙漠盾牌/沙漠风暴"行动中，美军共派出4架RC-135V/W电子侦察机对伊拉克进行不间断的侦察监视，平均每天有2架在空飞行，每架飞机一次侦察时间为12小时；在科索沃战争中，RC-135V/W电子侦察机成为美国空军所有投入实战的最有效的侦察工具。参战的RC-135V/W电子侦察机每次都是从希腊的松达湾起飞，然后在距科索沃有相当距离的亚得里亚海上空巡弋，以对南联盟进行不间断的信号侦察。

RC-135V/W电子侦察机还可同电子侦察卫星、E-3预警机、E-8预警机及海军的指挥舰建立数据传输网络，实现卫星、侦察机、预警机的一体化联网侦察，被视为与新一代军事侦察卫星和远程无人驾驶飞机并驾齐驱的21世纪最重要的战场网络对抗手段。

2）EP-3E"白羊座"Ⅱ型电子侦察机

1987 年，美国海军开始将 12 架 P-3C 型反潜巡逻机改装为 EP-3E"白羊座"Ⅱ型电子侦察机。EP-3E"白羊座"Ⅱ型电子侦察机如图 3.14 所示，机上安装高灵敏接收机和高增益的碟形天线，能检测 740km 纵深区域内几乎所有在空中传播的雷达、通信等电磁辐射信号，并通过对电磁信号的侦收、识别、定位、分析和记录来获取情报。

图 3.14 EP-3E"白羊座"Ⅱ型电子侦察机

EP-3E 电子侦察机上装有美国目前最先进的功能异常强大的声音自动识别系统，只要被侦察者进行无线通话，系统便能查明通话者的身份，尤其是高层领导者的身份。通过跟踪别国军事领导人和部队之间的通信，帮助确定对方部队或舰船方位、作战能力、军事训练水平等。美国正是靠着这套系统，掌握了其他国家的大量绝密情报。

美国 EP-3E 电子侦察机的主要任务是独自或与美国其他部队一起在国际空域执行任务，为舰队司令提供有关潜在敌方军事力量战术态势的实时信息。除在多威胁/公海环境中为己方舰队提供情报外，侦察人员还必须通过分析所获得的信息确定不断变化的战术态势并将信息直接传送到国家指挥当局，使各级决策者可以针对关键性的进展情况做出决策。

这种侦察机是美国海军中唯一的一种专用的陆基信号情报电子侦察机。EP-3E

电子侦察机利用机上的灵敏接收机和高增益的碟形天线,能探测目标区域纵深内大范围的电子辐射,并通过对电磁信号的侦收、识别、定位、分析和记录来获取信号情报。其基本的工作模式为:侦察系统侦收到信号后,测出信号源的方位和技术参数,在显示器上显示并记录,必要时,可用数据链将数据近实时地传送给己方部队或指挥中心。

根据相关活动记录,仅1996年一年,EP-3E机群就出动了1319架次,从目标国家的陆地、海上、飞机上搜集到了2911个"具有战术意义"的信号,并察觉出72艘"不友好"的潜艇。

3)RC-12"护栏"通用传感器信号情报飞机

美国陆军RC-12"护栏"通用传感器信号情报飞机(见图3.15)主要用于对通信信号的侦收和测向。执行任务时,3架为一组,在接近前线的上空盘旋,截获通信信号,并对辐射源采用时差/多普勒频移技术,通过与用于飞机本身定位的GPS/惯性导航系统联合使用,提高定位精度。美国陆军从2007年5月开始,陆续升级33架RC-12"护栏"通用传感器信号情报飞机,这些飞机主要搭载AN/USD-9系列"护栏/通用传感器"载荷。"护栏"系列电子侦察机先后衍生出了RC-12D、RC-12H、RC-12K、RC-12N、RC-12P和RC-12Q等多个型号。

图3.15 RC-12"护栏"通用传感器信号情报飞机

"护栏"系列电子侦察机搭载的典型通信侦察系统为通信高精度定位子系统(CHALS),如图3.16所示,由美国洛克希德·马丁公司研制。其可实现对通信辐射源的快速、精准定位并能够引导火力打击。

图 3.16　通信高精度定位子系统

"护栏"系列电子侦察机主要列装美国陆军军级军事情报旅的空中侦察营,每个营配备 12 架。执行任务时,通常 3 架为一组,对敌辐射源进行三角定位(也可以进行精确的到达时差定位)。为获得最佳测向效果,2~3 架飞机部署在前线靠后一点的上空盘旋,截获通信、雷达信号。该飞机只对 20~75MHz 和 100~150MHz 两个低频段的通信号进行测向。

4)"阿尔忒弥斯"电子侦察机

随着 2021 年美军从阿富汗撤军,美军的顶层战略也正式从非常规战争(反恐为主)向全面大国竞争转型,由于大国之间发生全面、正面冲突的概率比较低,因此这种转型让诸如美国陆军、美国海军陆战队等地面军种面临被边缘化的尴尬境地。

具体到电子战领域,美国陆军的 RC-12"护栏"系列电子侦察飞机尽管一直在更新、升级,但从未能够突破军种藩篱——由于飞行距离有限,其无法用于大国竞争。与美国空军 RC-135V/W"联合铆钉"电子侦察机、美国海军 EP-3E"白羊座"电子侦察机相比,战略价值很低。为此,美国陆军尝试研发自己的战略型电子侦察机"阿尔忒弥斯"(空中多任务侦察情报系统),以期其电子战能力能够直接参与大国竞争。

最初"阿尔忒弥斯"选择的载机是加拿大庞巴迪公司"挑战者 650"双引擎商务机(见图 3.17),该飞机主要搭载高精度检测与利用系统(HADES)载荷。该机型没有美军涂装,常常借民用之名行军事侦察之实。据统计,2020 年 7—9 月,共有近 10 架次的"阿尔忒弥斯"侦察机出现在南海上空。

图 3.17　基于"挑战者 650"载机的"阿尔忒弥斯"侦察机

后来，美国陆军认为"挑战者 650"飞机在升限、航程等方面尽管比 RC-12 电子侦察机有了很大提升，但对于大国竞争而言，仍无法满足要求。因此，2023 年 12 月 12 日，美国陆军授予庞巴迪防务公司一份合同以采购一架"环球 6500"公务机，2024 年 11 月，庞巴迪防务公司向美国陆军交付了首架载有高精度检测与利用系统（HADES）的"环球 6500"公务机并附有在 3 年内再采购 2 架飞机的选择权。该飞机是美国陆军首批用于空中情报、监视和侦察平台的大型公务机，用于搭载高精度检测与利用系统，以提升陆军的先进态势感知能力。

2．加强空中通信电子攻击能力

美国研制和列装了多种具备通信电子攻击能力的电子战飞机或机载通信干扰系统。

数十年来美国涌现出了为数众多的具备通信电子攻击能力的电子战飞机，包括：EC-130H"罗盘呼叫"专用通信电子战飞机，该飞机目前正进行载荷迁移，迁移后的飞机称为 EA-37B，代号仍为"罗盘呼叫"；EA-6B"徘徊者"电子战飞机，该飞机目前已退役，其具备通信电子攻击能力的系统包括 USQ-113（V）通信干扰系统、AN/ALQ-504 电子干扰系统、AN/ALQ-151 通信干扰系统等；EA-18G"咆哮者"电子战飞机，该飞机是目前美国海军的主力电子战飞机，其具备通信干扰能力的系统包括 ALQ-99F 通信干扰吊舱等，未来则可能加装具备通信干扰能力的下一代干扰机（NGJ）。这些电子战飞机一直都在进行改造和升级，不断提高其干扰性能和适应信息化战场复杂电磁环境的能力。

此外，美军还配备了具备通信电子攻击能力的直升机，如 EH-60 电子战直升机。

第 3 章 通信电子战装备现状

1）EC-130H/EA-37B"罗盘呼叫"通信电子战飞机

"罗盘呼叫"系统是 EC-130H 通信电子战飞机（见图 3.18）上的远距离通信干扰系统，于 20 世纪 80 年代就已装备部队，主要作战任务是支援空中战术军事行动，也可为地面部队和海上舰队提供信息支援，具有阻止或干扰敌方通信和信息传输的能力。

图 3.18　EC-130H"罗盘呼叫"通信电子战飞机

EC-130H 电子战飞机的主要通信电子战任务系统为"罗盘呼叫"，专用发射吊舱代号为"长矛"（SPEAR）。该系统工作在甚高频/特高频频段，天线为大功率相控阵（144 阵元），能产生 4 个独立控制的干扰波束，采用冗余大功率放大器。飞机主要通过装在尾翼后缘的庞大天线阵发射大功率干扰信号。EC-130H 电子战飞机主要用于在防区外对敌指控系统的话音和数字通信系统实施干扰，在战术空战期间这些通信系统对综合防空系统具有重要的协调作用。在海湾战争中，EC-130H 电子战飞机的干扰曾使科威特前线的伊拉克军队与上级间的通信能力严重削弱，以致战争后期伊军野战部队传达命令主要依靠摩步兵人力递送。在科索沃战争中，该型机的干扰使前南联盟军的指挥通信系统基本瘫痪。

在美军 2017 财年国防预算中，美国空军提出了 1.657 亿美元的预算请求，用于将其 EC-130H"罗盘呼叫"的载机由 C-130 替换为"湾流"G550，换装后的飞机编号为 EC-37B（2023 年，代号正式更改为"EA-37B"），代号仍为"罗盘呼叫"。2023 年 9 月 12 日，美国空军在位于亚利桑那州的戴维斯-蒙特南（Davis-Monthan）

空军基地接收了 BAE 系统公司、L3 哈里斯团队交付的首架 EC-37B "罗盘呼叫"电子战飞机。2024 年 9 月，该飞机正式入列，如图 3.19 所示。按计划，美空军总共将接收 10 架该型飞机。该飞机是美国空军 EC-130H "罗盘呼叫"电子战飞机的载机替换与能力更新版飞机，作战效能、技术性能等方面都有了本质提升。随着相关能力的提升，EA-37B 电子战飞机有望实现作战模式的转变。

图 3.19　首架 EC-37B 电子战飞机

美国空军之所以要进行载机替换，主要原因是 EC-130H 电子战飞机的载机主要存在以下几方面问题：载机老化导致可靠性问题，维护成本高昂；速度慢，难以实现快速响应式作战；作战半径小，增加了作战风险；升限低，降低了电子战作战范围；对手变化，导致能力不足突出。

2）EA-6B "徘徊者"电子战飞机（已退役）

AN/USQ-113 通信干扰系统是美军 EA-6B "徘徊者"电子战飞机（见图 3.20）上的专用通信干扰系统，其发展逐渐从 AN/USQ-113 演变为 AN/USQ-113（V）、AN/USQ-113（V）1 并在 20 世纪 90 年代末升级到 USQ-113（V）3，安装有新的接收机、功率放大器和发射机，扩大了系统的频率覆盖范围。2019 年 3 月，AN/USQ-113 系统随 EA-6B 电子战飞机的退役而一起退役。

USQ-113（V）3 通信干扰系统具有指挥、控制、通信对抗（C^3CM）、电子支援（ESM）、通信等作战方式。指挥、控制、通信对抗方式可对话音、数据通信进行监测和干扰，具有对有源目标自动干扰、对指定目标"盲干扰"及多目标干扰和跳频通信干扰能力；电子侦察支援方式可使操作员监测到信号，能立刻为干扰装备选择相应的目标；通信方式则可进行话音通信或模拟通信欺骗，使操作员有机会将虚假的、误导的或迷惑的信息插入对方目标链路中。

图 3.20　EA-6B "徘徊者" 电子战飞机

另外，AN/ALQ-99 干扰系统的低频段干扰机也是 EA-6B 电子战飞机上的通信电子战装备。该系统具有宽工作频率范围，使 EA-6B 电子战飞机能够承担 EC-130H "罗盘呼叫" 通信电子战飞机的部分任务。由于 AN/ALQ-99 干扰系统除在已退役的 EA-6B 电子战飞机上部署外，还部署在现役的 EA-18G 电子战飞机上，所以该系统的最新版本（AN/ALQ-99F）仍在服役。

3）EA-18G "咆哮者" 电子战飞机

EA-18G "咆哮者" 电子战飞机（见图 3.21）是美国海军为替换 EA-6B "徘徊者" 电子战飞机而研制和生产的新型专用电子战飞机，由 F/A-18E "超级大黄蜂" 战斗机改装而成，不但具备超音速战机的飞行性能，还具有强大的电子攻击能力。除干扰雷达外，能够利用机上的通信对抗设备，不仅可使敌方地面站之间无法进行通信，还可扰乱战场通信网络，消除潜在的威胁。EA-18G 电子战飞机总的服役数量近 200 架，是目前列装数量最多的电子战飞机。

EA-18G 有 11 个外挂点（翼尖 2 个，机翼下 6 个，机腹下 3 个），除 AN/ALQ-99F 干扰吊舱外，还能携带空–空导弹等 F/A-18F 战斗机配置的所有武器，单独执行任务而不用战斗机保护。EA-18G 电子战飞机能进行超音速飞行并与整个打击机群共同前进，携带干扰吊舱时也具备作战能力。EA-18G 电子战飞机与 F/A-18E/F "超级大黄蜂"战斗机有 99%的部件可以互换使用。EA-18G 电子战飞机的出现使美军电子战水平发生了一次飞跃。

图 3.21　EA-18G "咆哮者"电子战飞机

EA-18G 电子战飞机主要机载通信电子战设备包括 AN/ALQ-227 通信对抗接收机及 AN/ALQ-99F 干扰吊舱的低频段舱。AN/ALQ-99F 干扰机是 EA-18G 电子战飞机的核心电子攻击设备，主要用于干扰敌方岸基、舰载和机载的指挥通信系统及预警、防空、目标截获雷达系统等。EA-18G 电子战飞机可根据任务的不同，携带不同频段的干扰机吊舱。

EA-18G 电子战飞机于 2008 年开始服役，当前美国海军已部署近 200 架该飞机。按照计划 EA-18G 电子战飞机将至少服役到 2032 年，美国海军在未来 20 年将依靠 EA-18 电子战飞机来维持其机载电子攻击能力。

4）AN/ALQ-231（V）"无畏虎 2"通信干扰吊舱

AN/ALQ-231（V）"无畏虎 2"（Intrepid Tiger Ⅱ）通信干扰吊舱是美国海军的一种具备网络化操作能力的通信干扰系统。该吊舱有 4 种型号，分别为用于 AV-8B 飞机和 F/A-18 攻击战斗机的 AN/ALQ-231（V）1（见图 3.22）、用于无人机的 AN/ALQ-231（V）2、用于旋翼飞机的 AN/ALQ-231（V）3、计划增加反雷达功能的 AN/ALQ-231 Block X。

2016 年，美国海军陆战队在"黄蜂号"攻击舰上部署了 AN/ALQ-231（V）3 "无畏虎 2"吊舱，搭载在 UH-1Y 直升机上。2021 年 6 月 15 日，美国海军陆战队最新的 AN/ALQ-231（V）4"无畏虎 2"电子战有效载荷首次搭载在 MV-22B"鱼鹰"倾转旋翼机上完成试飞。这是美国海军第一次将"猛虎 2"功能集成到"鱼鹰"飞机上，也是第一次将该功能集成到平台内部。

图 3.22　搭载于 F/A-18 飞机上的"无畏虎"通信干扰吊舱

5）EH-60"快定"系列电子战直升机

美国的 EH-60"快定"系列电子战直升机（见图 3.23）采用"黑鹰"直升机作为载机，其搭载有 AN/ALQ-151"快定"（Quick Fix）系列通信测向、截获与干扰系统，这也是该系列"快定"代号的由来。EH-60A 和 EH-60L 通信电子战直升机的主要电子战装备包括 AN/ALQ-151（V）2"快定 2"系统和 AN/ALQ-151（V）3"先进快定"电子战系统。EH-60 系列通信电子战直升机典型的使用方式是组网协同作战，即多架直升机与地面侦察测向系统协同工作，实现对通信辐射源的高精度测向。

图 3.23　EH-60"快定"系列电子战直升机

该系列通信电子战直升机装备了美国陆军步兵师、空降师、机械化师的军事情报营和装甲骑兵团、独立旅的军事情报连，共约 70 架。

6）下一代干扰机低频段（NGJ-LB）干扰吊舱

下一代干扰机（NGJ）吊舱用来取代传统的 ALQ-99 系列干扰吊舱，为美国海军的 EA-18G "咆哮者" 电子战飞机提供新能力，以获取防区外干扰主动权。为延长使用寿命和提高灵活性，下一代干扰机采用模块化、开放体系架构，可部署在包括 EA-18G 电子战飞机在内的多型战斗机、无人机平台上。下一代干扰机吊舱按照频段分为低频段、中频段、高频段三种，其中，低频段吊舱（见图 3.24）具备通信电子攻击能力。

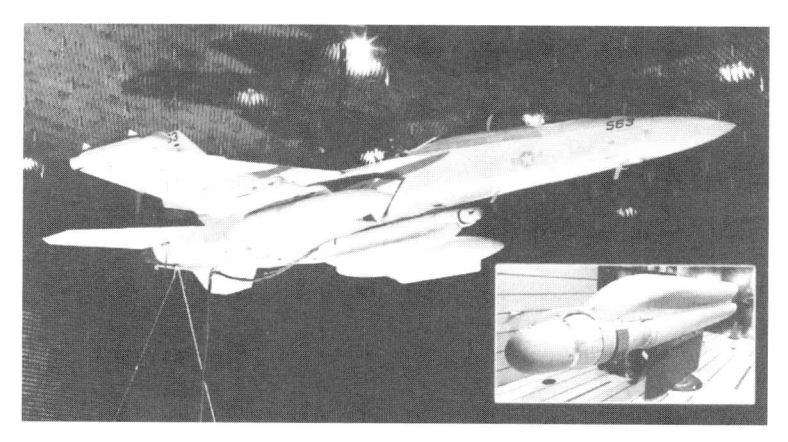

图 3.24　下一代干扰机低频段吊舱（右下角）

3.2.2　"一鸣惊人" 的通信电子战无人机

美军拥有数量、型号众多的电子战无人机，如 "全球鹰" "捕食者" "火力侦察兵" 等大中型无人机，以及诸如 "弹簧刀" 等小型无人机。美军曾公开表示，"通过使用无人机，美军士兵无须上战场，甚至不用离开美国本土就能攻击万里之外的敌对目标。内华达州克里奇空军基地的无人机操纵员可与伊拉克或阿富汗战场通过无线电保持沟通，就像真正驾驶战机飞翔在部队上空一样，在自身安全不受威胁的情况下，实时回传侦察信息，甚至发射'地狱火'空地导弹打击敌方目标，配合地面部队行动。"

近年来，一系列冲突（如纳卡冲突、阿富汗战争、伊拉克战争等）中无人机的使用可以说是在一定程度上颠覆了现代化、信息化作战模式。甚至有专家认为，战争模式因无人机应用而发生的重大改变，可以比肩20世纪初坦克的出现所带来的改变。通信电子战领域也把握住了无人机带来的机遇，很多无人机都搭载了通信电子战载荷，并在各种冲突、演习中取得亮眼效果，可谓一鸣惊人。

例如，在伊拉克战争中，美军在海湾地区部署了多架"捕食者""先锋""猎人""全球鹰"等无人机，它们执行了电子战情报侦察和电子攻击等任务。在情报侦察方面，主要目标是获取敌方电子作战序列。在战争爆发之前，美国就采用"全球鹰"高空无人机及一些小型的无人机系统携带信号情报载荷，穿越伊方的防空网，对伊拉克进行情报侦察，建立电子作战序列，辨别每个电子辐射源的作用、部署的位置，这对于摧毁伊拉克的防空雷达和指控网至关重要。在电子攻击方面，主要目标是实施电子干扰——美国空军电子干扰无人机能在近距离完成对敌电子干扰任务。

可见，无人机通信电子战的主要任务是战场通信情报侦察、通信电子攻击，且大部分都属于通信情报侦察无人机。

1．通信情报侦察无人机

由于无人机具备抵近式作战特征，因此大多数的通信电子战无人机都属于情报侦察型。

1）美军机载信号情报有效载荷

机载信号情报有效载荷（ASIP）是美国空军下一代机载信号情报传感器，它采用一种模块化且可扩展的开放式体系架构，能够检测、识别和定位雷达信号、通信信号。该载荷可搭载于美国空军MQ-1"捕食者"无人机（ASIP-1C，通信情报型）、美国空军MQ-9"死神"无人机（ASIP-2C扩展型）、U-2S高空侦察机和RQ-4"全球鹰"无人机。其中，搭载在RQ-4"全球鹰"无人机上的载荷（见图3.25）可提供通信情报和电子情报测向、地理位置、特殊信号截获功能。

ASIP-1C是一种"基础通信情报"设备，可提供通信信号和有限特殊信号截获功能及有限辐射源定位能力。ASIP-2C则是在ASIP-1C的基础上添加了通信情报测向、同步和专用信号强化等功能。

图 3.25 搭载在 RQ-4"全球鹰"无人机上的载荷

2)"安卡"信号情报无人机

土耳其"安卡"(Anka)信号情报无人机(见图 3.26)具有通信和电子情报能力。2020 年 3 月 3 日晚,土耳其无人机在叙利亚摧毁了叙军一套"铠甲"防空系统,作战过程中出动的作战系统就包括了"安卡"信号情报无人机。

图 3.26 "安卡"(Anka)信号情报无人机

3)ELK-7071/7065 通信情报和测向系统

以色列 Elta 系统公司的无人机电子战产品主要有 ELK-7071 综合无人机通信情报与测向系统(IUCOMS,见图 3.27),主要用于中高空长航时无人机(如"苍鹭"无人机)或无人水面艇上(面向水面舰艇平台的型号为 ELK-7071N)。它们都能够对接收到的通信信号进行截获、参数测量、定位、分析、分类和监视。系统收集到的原数据通过链路传输到相关的地面站进行处理和分发,进行任务准备、任务汇报、分析和形成报告等。

图 3.27　ELK-7071 综合无人机通信情报与测向系统

Elta 公司还新研制了 ELK-7065 小型 3D 短波测向设备，如图 3.28 所示。该设备也安装在"苍鹭"无人机上，能够有效截获、定位和窃听短波无线电信号。该设备利用多副天线接收天波和定向传播的相同短波信号，并进行"矢量处理"，能在很短时间内对辐射源进行定位。该设备能够对如功率、频率、调制样式、地理位置、极化方式等进行标注，以便对接收到的信号进行快速标记和识别，生成可靠的电子战斗序列。此外，该设备还能对选择的对话进行监听，以便提供宝贵的情报信息。

2．通信电子攻击型无人机

因为无人机作为电子干扰平台可以靠近目标，干扰功率小，可以避免对己方电子设备的影响，所以美军对无人机载通信干扰有效载荷具有极大兴趣和热情。近年来，随着无人集群技术的不断成熟，美军还陆续推出了具备通信电子攻击能力的无人蜂群，如 DARPA 的"小精灵"项目即是典型代表。但总体来说，通信电子攻击型无人机种类、数量要比通信侦察型无人机少一些。

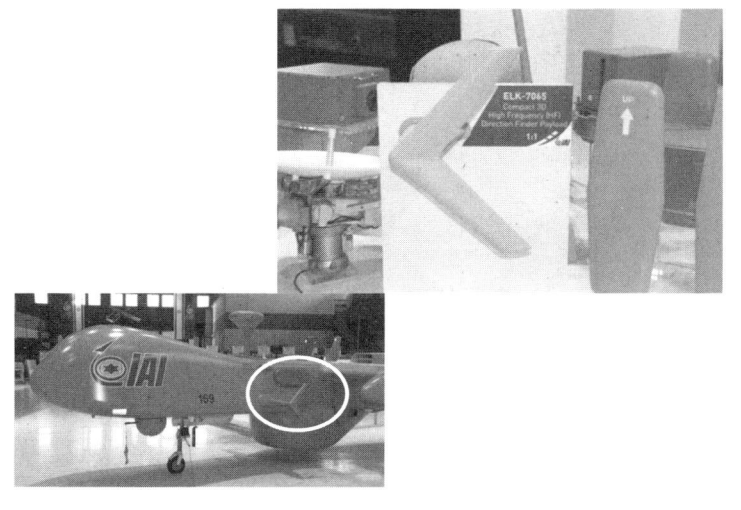

图 3.28　ELK-7065 及其安装于"苍鹭"无人机上的情形

1)"天干"(SKYJAM)无人机载通信干扰机

以色列埃尔比特集团的"天干"(SKYJAM)无人机载通信干扰机是一种专为无人机应用设计的模块化、可定制、可互操作的机载通信干扰系统,可搭载于多种无人机平台上,如图 3.29 所示。该干扰机可与埃尔比特集团的其他系统进行集成,如"天定"(SKYFIX)通信情报和测向系统。据称该干扰机已经在以色列空军中服役。

图 3.29　"天干"系统及其示意

2）远程操控型网络化电子战（NERO）系统

美国陆军认为必须依靠自己的机载电子攻击系统执行必要的干扰任务来支援地面部队，而且未来的机载电子攻击必须具备通信干扰能力，能够在战区空域不间断地实施干扰，并由旅一级作战指挥官直接指挥。因此，战术无人机被美国陆军视为遂行机载通信电子攻击任务的重要平台，而无人机通信电子攻击载荷也成为近年美国陆军研发测试的重点。

自 2012 年开始，美国陆军便对远程操控型网络化电子战（NERO）项目开展工程分析和备选飞机论证工作，并最终确定利用 MQ-1C "灰鹰"无人机进行飞行试验，如图 3.30 所示。NERO 项目主要利用无人机平台搭载通信电子攻击载荷，从空中对敌方通信系统进行远程电子攻击。NERO 项目由联合简易爆炸装置歼灭组织（JIEDDO）资助，是美国陆军"带有监视与侦察功能的通信电子攻击"（CEASAR）项目成果的一个作战验证。该项目主要利用"灰鹰"无人机作为干扰敌方通信系统的空中电子攻击系统。雷声公司和通用原子能公司共同参与了该项目的研制工作。

图 3.30　搭载 NERO 干扰机的"灰鹰"无人机

NERO 系统的硬件基于 EA-18G 上的通信对抗系统（CCS）/ALQ-227，可为地面部队提供超视距"按需干扰"的能力，且能够提供远程通信干扰能力，控制电磁频谱使用，以支持地面部队作战。与安装到有人机上相比，将 NERO 安装到无人机上，其任务执行时间可延长 2~3 倍，且操作费用更低，能有效降低作战人员面临的风险。除计划为"灰鹰"无人机加装电子攻击吊舱外，美国陆军目前还在重点探究如何提升"影子"等较小型无人机电子攻击能力的问题。

2022 年 5 月，美国国防部表示将向乌克兰提供价值 1.5 亿美元的援助，其中包括雷声公司交付的电子攻击载荷，它将作为 NERO 系统的一部分，用于干扰俄方通信。

3）RB-341V"里尔-3"电子战系统

RB-341V"里尔-3"电子战系统是俄军由指控车及"海雕-10"小型无人机组成的新型电子战系统，如图 3.31 所示。它既可以干扰敌方的蜂窝网络，也可以成为"虚拟基站"，伪造 GSM 900 和 GSM 1800 蜂窝通信基站并发送假消息。此外，它还能定位使用 GSM 网络的终端并识别其类型，如移动手机、平板电脑及其他的通信系统等，绘制手机订阅用户的数字地图，并将位置信息发给炮兵用于目标瞄准。一套"里尔-3"系统包括 2 架"海雕-10"无人机和一台搭载在 KamAZ-5350 卡车上的指控站。

图 3.31 "里尔-3"电子战系统的指控车及"海雕-10"小型无人机

3.3 反恐利器——地基通信电子战

自阿富汗战争和伊拉克战争以来，反恐作战就成为美国陆军作战的重点，简易爆炸装置对抗也作为一种新的电子战形式出现在战场上。目前的简易爆炸装置都是无线电控制的临时爆炸装置,通过车门开启器等电子触发装置即可将其引爆,而蜂窝电话、卫星电话、远距离无绳电话等已经成为头号简易爆炸起爆装置。因此,简易爆炸装置对抗系统就是一种特殊形式的通信电子战系统。

随着美军反恐战争等非常规战争的开展,地基通信电子战装备的主要任务逐渐变得单一,即对简易爆炸装置的遥控信号实施干扰,确保军事平台、装备、人员的安全。

在近20年的反恐战争中,这类定制化的通信干扰装备是美军执行所有地面任务的标配型设备,成为名副其实的"反恐利器"。这类系统也不负众望,取得了很好的作战效能。

3.3.1 带刀侍卫:非常规战争中的地面通信电子战

美国陆军已经装备了大量简易爆炸装置对抗系统,从广义上说,这些系统都属于对抗无线电控制的简易爆炸装置的电子战系统(CREW),包括"魔法师"(Warlock)干扰机、"交响乐"(Symphony)干扰机、"守护者"(Guardian)干扰机、"雷神"(Thor)干扰机、"公爵"(Duke)干扰机等。其中有车载系统,也有便携式系统。据称,反恐战争期间,美国陆军在伊拉克和阿富汗战场部署了大量简易爆炸装置对抗系统,其中部署"守护者"系统达到1000多套,CREW系统多达数万套。

1. "魔法师"干扰机

美国"魔法师"项目的前身是"游击手"电子防护系统(SEPS),该系统是一种便携式射频干扰机,可编程,外观只有手提箱大小,配有全向天线,可在几秒内反应;对近炸引信有效,但是对着发引信无效。

后来"魔法师"项目纳入了CREW系统序列,属于第一代CREW系统,即CREW-1。"魔法师"系统又包括"绿色魔法师""红色魔法师""棕色魔法师""口袋魔法师"等几个型号,如图3.32所示。其中,"绿色魔法师"的功能与SEPS系统非常相似,其核心收发器可监视多种通信频率,覆盖了从伊拉克建立的900MHz GSM手机网络到车库门开锁器的信号频率(288~418MHz);"红色魔法师"系统功能更简单,可能未装备信号接收机,当车辆驾驶员在接近路边可疑车辆或目标时启动。由于敌方可能使用多种型号的无线引爆器，因此上述两种干扰系统都极有可能具备可再编程性能，从而使技术人员能够根据新威胁对该类装置进行调整。

"口袋魔法师" 　　　　"绿色魔法师" 　　　　"棕色魔法师"

"红色魔法师"

图 3.32 "魔法师"系列简易爆炸装置干扰机

2. AN/VLQ-12 "公爵" 干扰机

AN/ALQ-12 "公爵"干扰机是 SRC 公司为美国陆军开发的车载电子战系统，用于对抗无线电遥控式简易爆炸装置，如图 3.33 所示。该系统可以实施近距离干扰，以防止恐怖分子、叛乱分子用手机或其他遥控方式引爆炸弹。自 2005 年以来，该系统已经装备了美国陆军多型地面车辆。SRC 公司后来升级了该系统的干扰距离、功率、功能，最新版的系统已经能够干扰得更远，所能干扰的信号种类也更多，据称已经具备了反无人机功能。此外，美国陆军还曾表示未来的"公爵"系统不仅能够实施电子干扰，还能实现电子战与赛博作战的融合，即实施基于协议的攻击（Protocol based Attack）。该系统采用软件定义体系架构，可快速重构以应对不断变化的威胁环境。该系统迄今已经开发了多个版本。

图 3.33 "公爵"车载型简易爆炸装置干扰机

3.3.2 奋力突围：大国竞争时代的地基通信电子战

随着美军的顶层战略从以反恐为主的非常规战争向全面大国竞争转型，地基通信电子战装备也逐渐面临被边缘化的风险，因此，美军地基电子战装备也不断寻求突围方式，以期对大国竞争提供更直接的、战略性的支撑。此外，俄军的很多地基通信电子战系统也具备战略能力，尤其是战略通信情报侦察能力。

1．美国太空军打造地基反卫星通信装备体系

地基反卫星通信的实现方式有上行链路干扰和下行链路干扰两种，如图 3.34 所示。其中，上行链路干扰针对卫星本身，会导致卫星接收区域内所有用户都会受影响；下行链路针对地面用户，可实现区域干扰，如只干扰使用卫星导航来确定其自身位置的地面部队。欺骗是指通过引入带有错误信息的假信号来欺骗接收机。要将电子战与非故意干扰区分和溯源非常困难。

2023 年 3 月，美国国防部发布了 2024 年国防预算，其中美国太空军的预算中就包括了反太空系统项目（编号 PE 1206421SF），该项目包括三个子项目：反卫星通信系统（CCS，编号 65A001），又分为 CCS 预规划产品改进（CCS P3I）和 CCS 新兴威胁集成项目（CETIP）两个子项目，且 CCS block 10.3 版本代号为

"牧场"（Meadowlands）；进攻性反太空指控（OCS C2，编号 65A005）；"赏金猎人"（Bounty Hunter，编号 65A013，见图 3.35）。截至 2023 年，CCS block 10.2 系统已经部署了 16 套，而"牧场"则处于开发阶段。

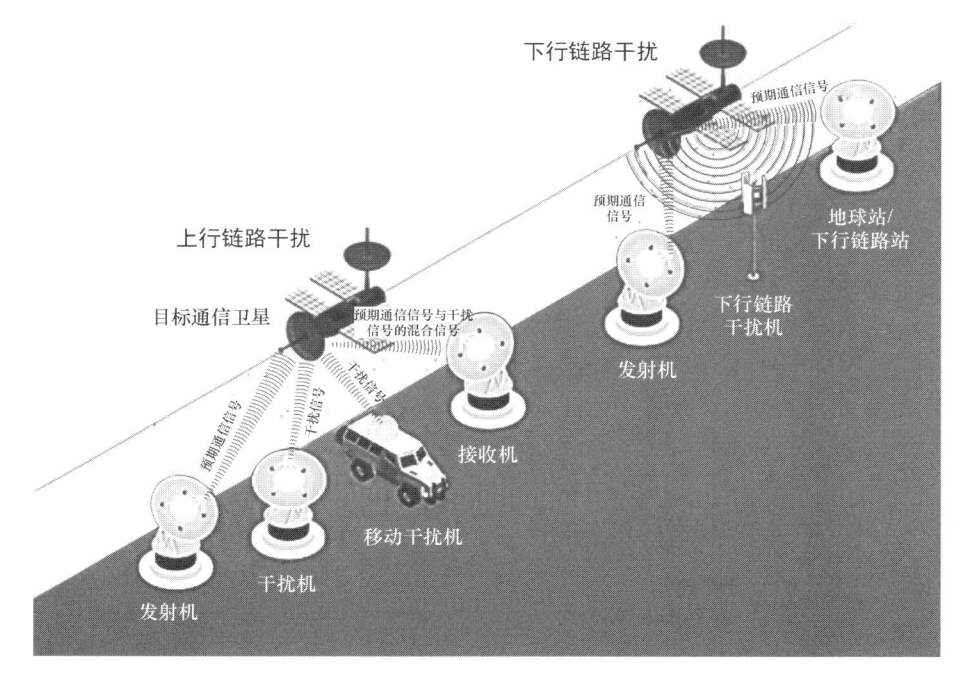

图 3.34　针对通信卫星的上下行链路干扰示意

图 3.35　2021 年 5 月 1 日举行的"赏金猎人 2.0"训练系统剪彩仪式

至此，自成立以来，美国太空军的反卫星通信系统体系初步清晰，逐步形成了"侦攻防指一体，面向联合作战"的装备体系。其中，反卫星通信电子支援功能（干扰目标发现与定位）主要由"赏金猎人"系统负责；反卫星通信电子防护功能（干扰监测与溯源功能）主要由"赏金猎人"系统负责；反卫星通信电子攻击功能（对敌卫星通信干扰功能）主要由 CCS 系列系统负责，如图 3.36 所示；反卫星通信指控功能（把相关系统功能打造成杀伤链的功能）主要由 OSC C2 项目负责。

图 3.36　美军反卫星通信系统（CCS）

2. 俄罗斯发展"摩尔曼斯克 BN"战略级通信电子战系统

2017 年 1 月，据报道，俄罗斯已经在克里米亚部署了"摩尔曼斯克 BN"电子战系统（见图 3.37），其天线高度可达 32m。该系统工作于短波频段，可对包括美国空军短波全球通信系统（HFGCS）等在内的短波通信系统实施侦察，侦察与干扰距离可达 5000km，属于战略级通信电子战系统。

图 3.37　"摩尔曼斯克 BN"战略级通信电子战系统

3.3.3 跟上时代：地基反无人机通信电子战系统快速发展

近年来，在各类冲突中无人机的应用越来越频繁，通过搭载各种各样的载荷，无人机所能承担的任务也越来越多——情报收集（图像情报、信号情报等）、监视（雷达、光电等）、电子侦察（通信侦察、雷达侦察、光电侦察等）、指控与通信（主要充当通信中继节点）、组网（主要充当空中网关）、导航（主要充当伪卫星）、电子攻击（干扰、欺骗、定向能攻击等）、火力打击等。而这场"无人机热"终于也引发了一场"反无人机热"，近几年反无人机系统/项目、技术不断涌现。其中，为数最多的是地基通信电子战系统，它们主要以干扰无人机测控信号或导航信号为主。从这种意义上来讲，地基通信电子战系统也算是跟上了智能化、无人化时代的步伐。

无论是军方还是工业界，都在不遗余力地开发反无人机通信电子战系统，工业界典型反无人机电子战系统如表 3.3 所示。

表 3.3　工业界典型反无人机电子战系统

系　　统	干 扰 方 法	干 扰 频 段
土耳其阿斯兰公司		
iHTAR	GERGEDAN 射频干扰系统	GPS、WiFi、ISM、GSM 900/1800、3G 和 4G
iHAVASAR	射频干扰机	400MHz～3GHz；5.7～5.9GHz
美国 Battelle 公司		
Drone Defender	射频干扰、控制链路中断、GNSS 干扰	*
美国 CACI 公司		
SkyTracker	射频干扰，接管目标的控制链路	*
法国 CERBAIR 公司		
Cerbair 固定单元	射频干扰、控制链路中断、GNSS 干扰	432～436MHz、900～1170MHz、1171～1380MHz、1570～1620MHz、2400～2500MHz、5～5.4GHz、5.4～5.9GHz
美国 Dedrone 公司		
无人机跟踪器	射频干扰、GNSS 干扰	GPS、GLONASS、伽利略、WLAN 2.4、5～6GHz
美国 Department 13 公司		
MESMER	射频控制链路协议操控	WiFi
德国 Diehl 防御股份有限公司		
Guardion	射频控制链路干扰机、WiFi 中断设备、GNSS 干扰、HPEM	2～6GHz（20MHz～6GHz 可选）

续表

系　　统	干 扰 方 法	干 扰 频 段
澳大利亚 DroneShield 公司		
反无人机步枪	控制链路的射频干扰	2.38～2.483GHz、5.725～5.825GHz
以色列 Elbit 系统公司		
ReDrone	控制链路的射频干扰、GNSS 干扰	*
ReDrone C-sUAS	射频+ GNSS 干扰	433MHz、915MHz、2.4GHz、5.8GHz、GPS & GLONASS L1
意大利 Elettronica 集团		
ADRIAN	用射频干扰来控制无人机指挥链路、对未知无人机进行射频阻塞式干扰、GPS/GNSS 干扰	400MHz、900MHz、2.4GHz、5.8GHz、GFSK/OFDM/FH/DSSS
以色列 Elta 系统公司		
Drone Quard	射频干扰；GNSS 干扰	*
德国 Hensoldt 公司		
Xpeller	射频跳频器干扰、射频干扰以控制指挥链路、GNSS 干扰	*
德国 HP 市场营销咨询有限公司		
HP 47 反无人机干扰机	射频控制链路干扰、GNSS 干扰	WiFi、GNSS
英国 Kirintec 公司		
Sky Net LONGBOW	对控制和视频链路进行射频扫频干扰	20MHz～6GHz
Sky Net RECURVE）MAX	对控制和视频链路进行射频扫频干扰	20MHz～6GHz
Sky Net RECURVE	对控制和视频链路进行射频扫频干扰	20MHz～2.5GHz
英国雷昂那多机载和空间系统公司		
Falcon Shield	控制链路的射频干扰	*
美国洛克西德·马丁公司		
ICARUS	对数据库中已知的无人机，采用射频干扰来控制其指挥链路，对未知无人机实施射频阻塞干扰	*
以色列 Netline 通信技术公司		
C-守卫者无人机网	射频干扰	20MHz～6GHz
以色列 Rafael 先进防御系统公司		
Drone Dome	射频干扰机、高能激光器	*
德国罗德&施瓦茨公司		
ARDRONIS	射频干扰、WiFi 中断	2～6GHz

续表

系　　统	干 扰 方 法	干 扰 频 段
法国 SESP 公司		
Drone Defeater	射频控制链路干扰、GNSS 干扰	*
美国 Syracuse 研究公司		
Silent Archer®反无人机技术组件	全谱电磁交战	*
法国泰利斯航空系统公司		
反无人机	射频干扰	*

军方层面，以俄罗斯为例，其地基反无人机通信电子战系统就有很多型，包括 1L222 Avotobaza、"鲍里索格列布斯克-2"（Brisoglebsk-2）、"柔道大师"（Dzyudoist）、"底栖动物"（Infauna）、"火绳"（Pishchal）、"田野-21"（Pole-21）、REX-1、"游隼-Bekas"（Sapsan-Bekas）、Serp、Shipovnik-Aero、"斯洛克"（Silok）、"索拉里斯-N"（Solyaris-N）、Lokmas Stupor、"塔兰"（Taran）、"驱虫剂"（Repellent）、"居民"（Zhitel）R-330Zh 等系统都具备反无人机通信电子战能力。

2017 年 3 月，据报道，总部位于莫斯科的电子战科技中心（STC-EW）设计局推出了一款新型的"驱虫剂"（Repellent）移动式无人机干扰机（见图 3.38），主要对象是微/小型无人机。该干扰机可在各种气象环境（包括极地环境）下工作，干扰距离超过 30km。除了可以干扰无人机，该系统还可以干扰无人机地面控制站，压制其导航与遥测功能，此时干扰距离为 10km。

图 3.38 "驱虫剂"移动式无人机干扰机

2016年3月29日，据报道，俄罗斯开始在亚美尼亚卡和穆德山区训练场进行电子战实战军演，以训练如何使用2015年年中接收的"底栖动物"电子战系统（见图3.39）。该系统可以压制100km内山区地形中的敌方无线电通信和各类无人机导航系统。

图3.39 "底栖动物"电子战系统

"火绳"是一种反无人机电磁干扰枪，由俄罗斯Avtomatika公司制造，重4kg，功率小，有效范围可达2km，如图3.40所示。该干扰枪（电子战系统）可单兵使用和作为其他平台的一部分。该电子战系统旨在通过从安全部门的新建位置干扰无人机的通信、控制和导航链路来影响无人机的飞行任务。该电子战系统能够对抗集群无人机，可以在静止状态和运动状态下进行作战，干扰效率高，不会对操作员造成任何威胁。该电子战系统不需要对操作员进行特别培训，几乎可以实时进行作战任务。

图3.40 "火绳"反无人机电磁干扰枪

3.4 乘风破浪——海基通信电子战

与天基、空基、地基通信电子战装备的大量部署、运用不同,海基(含水面、水下)通信电子战装备无论是从种类(型谱),还是从数量(部署规模)角度来看,都要更少。其实不仅仅是通信电子战装备,即便是从整个电子战领域来看,海基装备型谱也相对更加单一。然而,即便如此,近年来无论是水面还是水下,在通信电子战领域都有了一定进展。

3.4.1 艰难前行的水面通信电子战

美国、俄罗斯等大国水面通信电子战系统以通信侦察(通信支援侦察和通信情报侦察)系统为主,通信电子攻击系统非常少。而且,为数不多的通信侦察系统发展得也相对缓慢。近年来,水面通信电子战系统可以说是在非常艰难的条件下缓慢前行。

最为典型且功能最强大的水面通信侦察系统非美国海军 AN/SSQ-137(V)舰船信号利用设备(SSEE)莫属。SSEE 系统可提供关键战术情报、态势感知、战场感知、指示与告警、敌方威胁评估等能力,即允许操作人员监测、分析舰载信号利用空间内的感兴趣信号。SSEE 系统的任务包括:信号截获分析;自动目标采集;信号分类;指示与警告;信号测向与定位;舰载信息作战;友军保护与监视等。

SSEE 系统包括接收天线系统(AS-3202 短波甲板边缘天线、AS-4293A VHF/UHF 频段全向信号接收天线阵、AS-4708 半球宽频天线、AS-3056A VHF 频段艾德考克天线、AS-4692 VHF/UHF 频段锥形天线)和 AN/SRS-1 战斗测向系统等(见图 3.41),可对常用通信信号进行截获、测向与定位、情报分析等。

除美国的 SSEE 系统外,还有一些其他舰载通信侦察系统,包括美国海军 AN/SSQ-108 及其改进型舷外信号情报侦察系统、法意联合研制的欧洲 FREMM 多功能护卫舰的舰载信号情报系统、英国皇家海军舰载通信情报侦察系统、法国海军"追风级"巡逻船"机敏"号的舰载 Altessse 紧凑型通信情报系统等。

图 3.41　SSEE 系统的天线

3.4.2　异军突起的水下通信电子战

水下平台（各种潜艇、无人潜航器等）通常把隐身作为第一要务，因此不会搭载诸如通信干扰机等需要发射大功率电磁信号的系统。然而，对于通信电子战而言，水下平台也有其独特优势，即这类平台可以隐蔽地到达一些其他平台无法到达的地方。因此，基于水下平台的通信侦察系统得到了很多国家的重视，尤其是近年来，世界大国纷纷大力发展这类系统。

最典型的系统就是美国海军的 AN/BLQ-10 潜艇载雷达与通信电子支援（RESM/CESM）系统，如图 3.42 所示。其主要功能是对雷达和通信信号自动拦截、检测、分类、定位、识别，协调子系统对获取的信号进行综合处理。该系统主要组成部分包括：通信和雷达测向天线、通信捕获和测向子系统、射频分配单元、窄带雷达和特殊辐射源识别单元、雷达宽带接收机、显示台以太网数据交换装置。2018 年，美国海军授予洛克希德·马丁公司一份 4700 万美元的订单，对潜艇 AN/BLQ-10 电子战系统进行升级。

除 AN/BLQ-10 系统外，还有其他一些潜艇载通信侦察系统，包括英国皇家海军潜艇载 Eddystone 通信侦听系统、英国皇家海军"机敏"级核潜艇通信电子支援系统、德国"梅格雷特"5008 海军通信/雷达综合电子支援系统、法国"殿下"警告与水面舰艇评估-C系统（ALTESSE-C）、葡萄牙209PN潜艇新型电子情报/通信情报（ELINT/COMINT）系统等。

图 3.42　AN/BLQ-10 系统

参考文献

[1] 郑洁，张雅声. 美军"施里弗-2023"太空战演习分析[J]. 国际太空，2023(10)：32-34.

[2] 汤泽滢，吴萌，吴玮佳，等. 美军"施里弗"系列太空作战演习解读[J]. 装备学院学报，2017(1)：54-60.

[3] 占知智库. 美国国防太空战略摘要[R]. 2020.

[4] 通信电子战编辑部. 商为军用——美军军商混合太空战略与架构[R]. 嘉兴：中国电子科技集团公司第三十六研究所，2024.

[5] 通信电子战编辑部. 太空安全挑战[R]. 嘉兴：中国电子科技集团公司第三十六研究所，2022.

[6] 通信电子战编辑部. 抵御太空黑魔法[R]. 嘉兴：中国电子科技集团公司第三十六研究所，2021.

[7] 军事科学院外国军事研究部. 科索沃战争（下）[M]. 北京：军事科学出版社，2000.

[8] 慕枫. 美军"复仇女神"系列电子侦察卫星探秘[R/EB]. 空天大视野, 2019.

[9] 刘韬, 徐冰. 2019年国外侦察监视卫星发展综述[J]. 国际太空, 2020(2): 38-44.

[10] 张春磊. 外军电子侦察卫星技术特点与趋势浅析[J]. 外军信息战, 2016(5): 45-50.

[11] GLENN I, TREBELS K, BEATTIE C. Survey of COTS-MOTS Lighter than Air Platforms and Communication Relays[R]. Defense Research and Development Canada, 2013.

[12] 巩义权, 谢永杰, 牛龙飞, 等. 美军X-37B空天飞机侦察监视任务分析[J]. 国际太空 2020(9): 45-49.

[13] 张春磊. EC-130H全面转型为EC-37B事件分析[J]. 电子快报, 2023(19): 6-11.

[14] 张春磊. 首架EC-37B电子战飞机交付美国空军[J]. 电磁频谱作战, 2023(1): 103-116.

[15] 陈柱文. 国外无人机电子战载荷现状及发展分析[J]. 外军信息战, 2015(2): 22-30.

[16] Jane's. Warlock Improvised Explosive Device（IED）jammers[R]. EOD & CBRNE Defence Equipment, 2017.

[17] 通信电子战编辑部. 俄罗斯电子战[R]. 嘉兴：中国电子科技集团公司第三十六研究所, 2019.

[18] 张春磊. 反无人机系统与技术体系探析[J]. 信息对抗学术, 2016(4): 20-24.

[19] 陶晓佳. 反无人机系统调查[J]. 通信电子战, 2017(5): 36.

[20] 刘重阳. 国外舰载通信情报侦察系统的作用及发展[J]. 通信对抗, 2014(3): 10-14.

第 4 章
通信电子战技术现状

4.1 大海捞针——复杂电磁环境下的通信侦察

4.1.1 陷于困境的通信侦察

完成战场军事使命的途径之一就是通过侦察来搜索、发现、截获敌方的通信信号，确定其目标位置，经进一步分析、处理以获取通信情报。通信情报可提供战场情况的细节信息，增加对战场情况的了解。一旦确定了目标信号及其位置，指挥官就可以标绘战场态势，选择是进行电子干扰还是采取其他战术行动来阻断敌方通信。

然而，现代战场的电磁环境空前复杂、信号密集，通信体制、信号样式经常翻新，通信频段不断展宽，并广泛采用各种信源编码、信道编码、加密等技术，使得采用常规的侦察体制已无法发现信号,通过监听手段来确定干扰目标更不可能。但要完成通信电子战的作战使命,必须在这种复杂电磁信号环境中截获、识别出威胁信号,测量技术参数,确定目标的方位。

众所周知,采用基于信号幅度大小感知的传统通信侦察技术早已成熟,并已形成装备,但在实际运用中,效能发挥却不尽如人意。一个很重要的原因是,在日益复杂的战场电磁环境下,操作员要在众多大信号中,找出淹没在噪声中感兴趣的微弱信号越来越困难,花费的时间越来越长,无异于大海捞针,无法形成实时情报,也难以快速、准确引导测向、定位和干扰。

4.1.2 "大海捞针"的侦测技术

随着微电子技术、计算机技术的迅速发展和高速数字信号处理器件能力的快速提升,开发新型通信侦测技术,可为解决复杂电磁环境下的侦测难题打下技术基础。

此外,基于软件无线电的数字通信侦察设备具有实时反应能力的新型网络化自动通信侦察手段,是在复杂的电磁环境下,找出淹没在众多信号和噪声中感兴趣的微弱信号,从"大海"中把"针"捞出来的可行方法。

1. 网络化

随着电磁环境越来越复杂,单一平台、系统、设备已经无法满足对战场的侦察需求,只有重视开发网络化情报收集和分发技术,才能充分利用各渠道获取的信息,提高情报的收集能力和使用效率。随着电子支援侦察、信号情报技术与装备的作战应用范围越来越广泛,传统上以单平台为主的感知模式所能达到的系统性能已经达到极限且无法满足作战需求,只能通过网络化协同来突破极限。

1)网络化电子战概述

其实不仅是电子战支援侦察与信号情报侦察方面,从更广义的态势感知的角度来讲,只要实现了传感器网络化协同,就能获得某方面的增益,如图 4.1 所示。可见,这些增益包括避免单传感器欺骗、提高定位精度与收敛速度、增强社交网络态势感知、提升整体探测能力、扩展跟踪范围并提高跟踪能力、增强电磁防护及抗反辐射打击能力等。

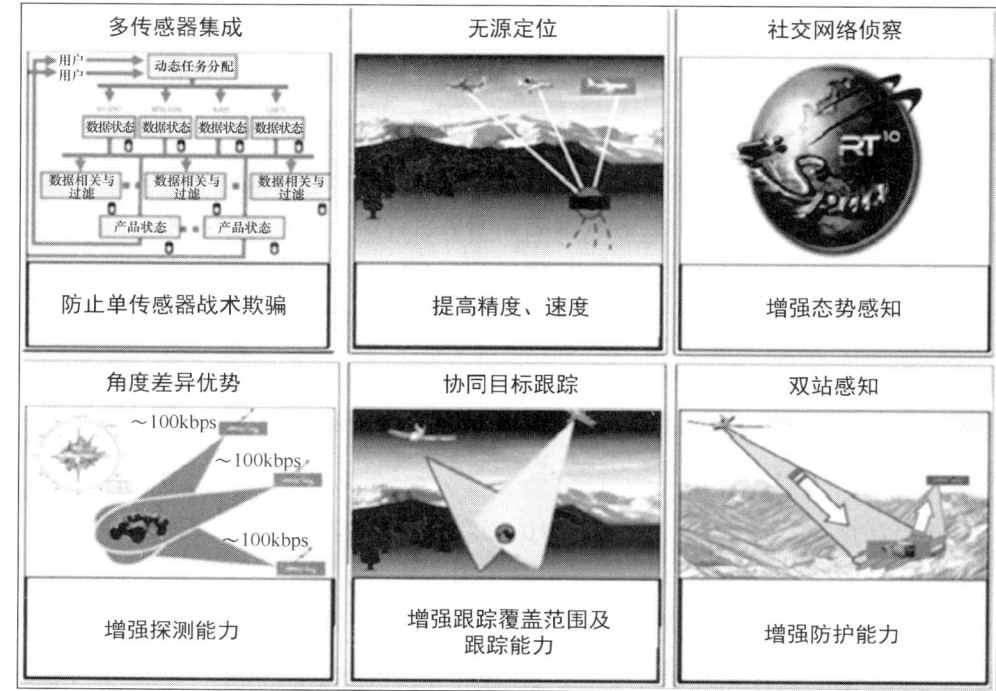

图 4.1 多传感器网络化协同带来的潜在优势

在电子支援侦察方面，以无源测向、定位技术与装备为例，网络化协同可以大幅提升测向、定位精度与速度。其作战应用从最初的"威胁规避"逐步向"引导高速反辐射导弹"（HARM）、"生成态势感知通用作战图及获取敌电子战斗序列"（EOB）、"传感器精准提示"等扩展，最新的作战应用需求是"无源定位直接引导精确打击武器"（"电磁静默战"）。越来越高的作战应用需求，对无源测向、定位精度的要求也从最初的5°逐步提升到0.1°。总之，只有通过网络化协同才能在满足作战所需高精度的同时，确保作战可行性。相关研究表明，相较于传统的单平台辐射源定位方法，采用多平台网络化协同的时差、频差等辐射源定位方法，其定位收敛时间将缩短到秒量级，定位精度可达到距离的0.1%量级，综合定位效能至少提升了一个数量级。

在信号情报侦察方面，基于网络化协同，实现多传感器情报数据融合。通过对侦察平台获取的侦察数据进行多传感器数据融合，可提高对目标的属性判别、威胁等级评定和活动态势感知的置信度。多传感器数据融合可采用三级数据融合，即原始数据级、特征向量级、决策级。外军相关研究成果表明，基于网络化协同的多传感器数据融合可以实现 4～8dB 的目标探测信噪比提升效果。

2）网络化电子战系统案例：NCCT

美国空军的网络中心协同目标瞄准（NCCT）数据链就是一种典型的实现网络化电子侦察的网络化系统。NCCT 采用了一种多侦察平台组网技术（见图 4.2），它在宽带网络［主要是多平台通用数据链（MP-CDL）情报侦察数据链网络］的支持下，让武器系统和决策人员可实时地直接共享侦察平台获取的重要情报信息来提高时敏目标打击能力。

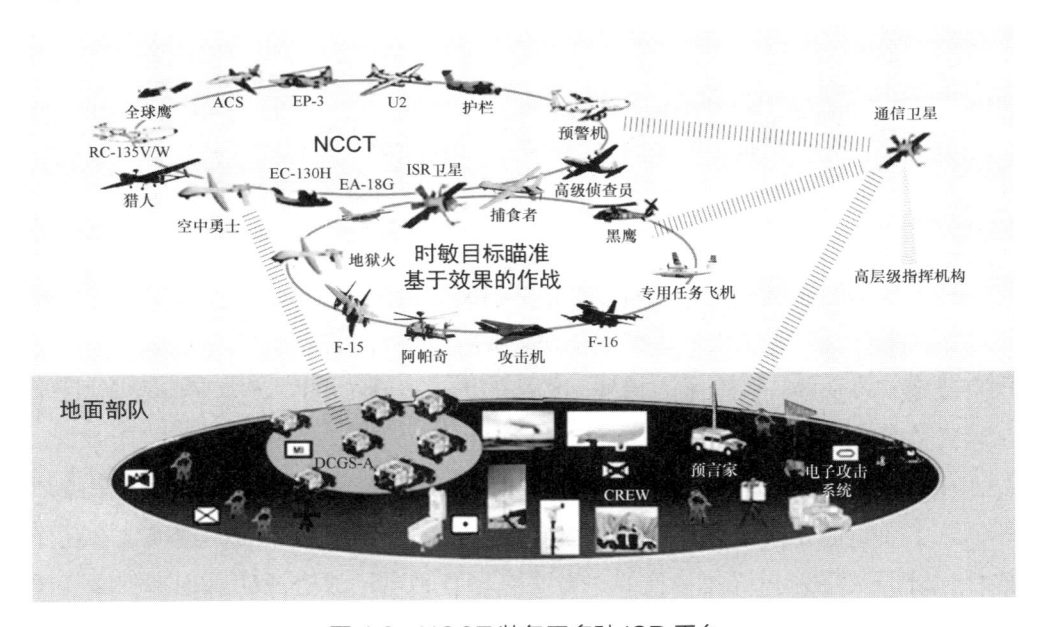

图 4.2　NCCT 装备了多种 ISR 平台

简而言之，NCCT 网络可视作"链、接口、算法一体化网络"：通过宽带数据链［数据速率高达 274Mbps 的多平台通用数据链（MP-CDL）］实现 EC-130H、RC-135V/W、F-16、"高级侦查员"等平台的互联互通，此为该网络的连通性基础；通过专门开发的数据融合与精确定位算法实现情报融合、精确辐射源定位等核心功能，此为该网络的功能性基础；通过机器到机器接口实现多平台自适应互操作与数据共享，此为该网络的自主性基础。

根据美军的相关描述，NCCT 的工作原理可总结为："NCCT 的主要用途是实现 ISR 传感器的快速同步，以便它们协同聚焦共同的目标。这一过程可显著提升目标定位精度，缩短定位时间，提高定位完备性。NCCT 通过在 ISR 资产之间构建一个宽带网络，并让各 ISR 资产使用一系列通用的交互规则来实现。NCCT 网络允许 ISR 资产有选择地、快速地以高更新速率、低延迟方式来交换有关特定目标的原始传感器信息。"

据 NCCT 承包商之一的 L3 公司高层表示，采用 NCCT 后，目标捕获时间缩短了 90%。此外，据分析，NCCT 让美军时敏目标瞄准时间缩短了 18.2%～83.3%。美国空军高层也表示，NCCT 的使用，使得单纯依靠无源电子战侦察来生成目标航迹的速度比有源雷达（包括激光雷达）更快。

2. 无人化

近年来，无人平台在电子侦察领域的应用越来越广泛，无人机、无人飞艇、无人潜航器、无人水面舰船等都在不同程度地承担侦察任务。

1）地面无人通信电子战案例："狼群"

随着技术的发展，无线电通信电台辐射的能量不断下降，且由于电台的数量仍在不断上升，使得远距离侦察系统很难侦听到对方的通信信号，也难以将各个电台分选（鉴别区分）开来。另外，传统的电子战系统难以应对新出现的软件定义、低功率的背负式通信网络电台。

在这样的背景需求推动下，DARPA 启动了"狼群"（Wolfpack）电子战项目，其主要目的是通过网络化协同，实现多个基本电子战单元的连通性、互操作性，进而实现分布式集群作战，最终提高各种电子战资源的利用率，提高遂行各种作战任务的灵活性，提高电子战资源的指控能力，增强对各种作战任务的电子战支援能力等。

"狼群"是 DARPA 于 2000 年发起并主持开发的一个电子战项目。按照 DARPA 最初的计划，"狼群"项目的目标是部署一个综合陆基电子战系统。该系统由多个分布式节点（"狼"）组成，这些节点通过人工部署、迫击炮发射或空中发射等方式抵近目标，并通过网络连接在一起形成一个"狼群"。这种方法需要使用廉价、低功耗的设备，这些设备可以提供近实时的精确定位和射频辐射源分类。"狼群"传感器是一个直径近 5 英寸、高 8～10 英寸的伪装圆柱形单元（外加一副天线），如图 4.3 所示。

第 4 章 通信电子战技术现状

图 4.3 "狼群"系统

由于可以靠近作战对象,因此,"狼群"采用了一系列新型电子侦察技术,包括电小且增益高效的宽带天线技术、选择性目标干扰流分析技术、先进的网络化定位技术、小型化"梳状"(comb)直接采样传感器/信号智能接收机技术、定位中的多径缓解技术、分布式电子侦察算法等。

2)空中无人集群通信电子战案例:"小精灵"

DARPA"小精灵"无人集群网络化电子战项目旨在开发一种小型、网络化、集群作战的电子战无人机群。该无人机群可用 C-130 运输机等大型空中平台从防区外投送,可通过网络化协同对敌防空系统的各类雷达、通信系统、网络系统实施抵近式电子战侦察、信号情报侦察、电子攻击、赛博攻击,最终实现削弱敌态势感知、切断敌通信链路、瘫痪敌通信网络等作战目标,如图 4.4 所示。

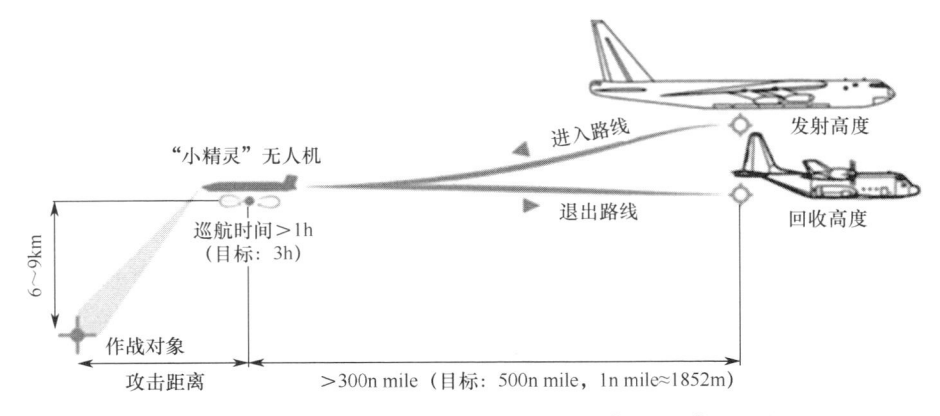

图 4.4 C-130 运输机从空中释放及回收"小精灵"无人机

"小精灵"系统的核心能力是其网络化集群电子战作战能力,如图4.5所示。其中,上图示意了"小精灵"无人机之间如何通过组网、智能化等手段实现协同;左下图示意了"小精灵"无人机之间所采用的通信技术,黑点示意的是数据链消息;右下图示意了搭载不同传感器载荷的"小精灵"无人机实现多传感器数据融合的场景。

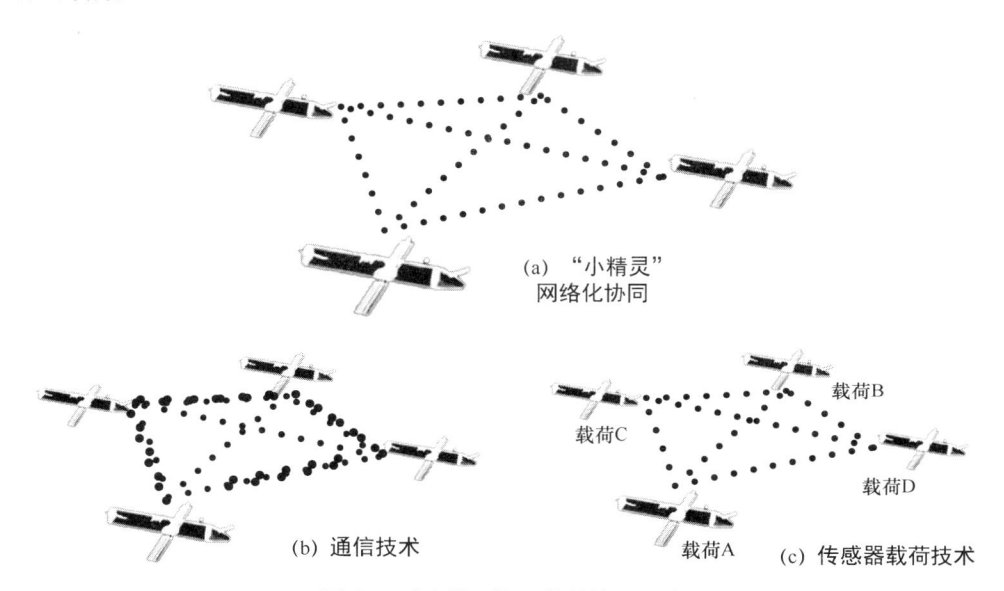

(a) "小精灵"网络化协同

(b) 通信技术

(c) 传感器载荷技术

图 4.5 "小精灵"网络化协同示意

3) 空中无人通信电子战载荷案例:MFEW-AL

空中大型多功能电子战系统(MFEW-AL)是美国陆军正在开发的项目,旨在研制出可以在无人机上使用的电子战吊舱系统,来增强陆军的电子战能力。MFEW-AL 吊舱是美国陆军唯一能向战术指挥官提供建制机载进攻性电子战能力的装备,是首个可装在 MQ-1C"灰鹰"无人机上的电子攻击吊舱,如图 4.6 所示。该项目能实现进攻性电子攻击、电子战支援、分配军事信息保障作战内容及保障进攻性赛博行动和多域作战的能力,能实现射频使能的赛博作战,也能执行信号情报任务,能够使作战人员、指挥系统全面掌握战场态势,有效实现与目标的交战,进一步强化美国陆军的情报及电子战能力。MFEW-AL 将与美国陆军电子战规划与管理工具(EWPMT)互操作,以支持指控、远程操作和动态任务分配。

图 4.6　MFEW-AL 吊舱搭载于"灰鹰"无人机上

4）综合无人电子战案例："复仇女神"

美国海军的"对抗综合传感器的多元素信号特征网络化模拟"（NEMESIS，"复仇女神"）项目主要是借助各种无人平台实现对敌全维度电子侦察、电子欺骗。该项目包含空中、水面、水下三类作战平台，如空中电子战无人机群/诱饵类系统平台/气球群，水面电子战无人艇群/诱饵类系统平台，水下电子战无人潜航器群/诱饵类系统平台。"复仇女神"作战场景示意如图 4.7 所示。严格来说，"复仇女神"的特点不仅包括无人化，还包括网络化、协同侦察、体系欺骗、智能作战等多种电子战功能，可视作未来电子战的典型样式。

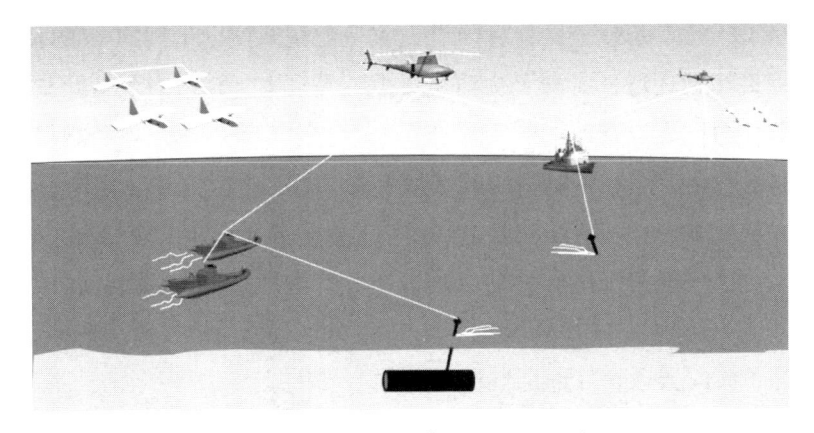

图 4.7　"复仇女神"作战场景示意

4.2 以柔克刚——从压制干扰走向灵巧干扰

通信电子战发展至今，其电子攻击一直以大功率压制式干扰为主要发展方向，干扰功率从早期的数瓦至百瓦量级，发展到千瓦量级以上，乃至兆瓦量级。如此巨大的干扰功率，对提高干扰效果无疑会带来好处。但随着干扰功率的不断增大，装备的技术复杂性和组成规模也急剧膨胀，机动能力大打折扣，更为严重的是会成为敌方反辐射武器的攻击目标。

从通信电子战装备与技术的发展历程来看，以往主要是从如何提高单项装备的作战能力来设计，以注重个体能力为主，很少考虑群体协同和综合能力的有效发挥。基于这种设计思想研制的通信电子战装备越来越复杂，系统规模越来越庞大，干扰功率也越来越大。但是，随着网络化水平的不断提高，这种单打独斗的方式已无法适应新形势。因此，无论从安全性还是效费比来说，通信电子战的发展方向都不能仅仅靠增大干扰功率来提高个体干扰效果，必须找到事半功倍的方式，分布式灵巧对抗就是主要途径之一，可达到"以柔克刚""四两拨千斤"的效果。

4.2.1 分布式干扰已实战使用

分布式干扰指的是采用火炮、导弹、无人机、特工人员等布设手段，将一次性使用的小型干扰设备投放到目标附近，实施近距离抵近干扰的一种体制。由于干扰设备距目标距离近，所需干扰功率就小，并且由于距己方装备距离远，可最大限度地消除对己方设备的影响。另外，由于一次布设的干扰设备数量多，可实现对通信网进行多节点、多链路和多目标干扰。

在科索沃战争中和阿富汗战场上，美军的投掷分布式干扰机已派上用场。"雌狐"无人机可挂载通信干扰机吊舱（见图 4.8），到达指定地点后，吊舱按地面控制站的指令自动释放 AD-G/EXJAM 分布式干扰机。该干扰机投放后天线自动张开，程控或遥控单元的接通全部都是自动化完成。

俄罗斯空军建有一次性投掷式干扰大队，拥有数种一次性投掷分布式干扰机，其"LILIA"型干扰弹可用 122mm 和 152mm 口径的火炮发射。根据俄军的经验，因投掷式干扰机工作时距敌方电子设备的距离很近，其干扰效果比专用电子对抗飞机在远距离支援干扰条件下的干扰效果更好，是一种有效的战场电子干扰补充手段。

图 4.8 "雌狐"无人机（右上角为分布式干扰机）

此外，DARPA 开发的精确电子战技术也是典型的分布式干扰技术，其示意如图 4.9 所示。采用分布式技术之后，精确电子战的协同电子攻击精准度提升一个乃至数个数量级。据称，该技术已经实战部署在了美军相关平台上。

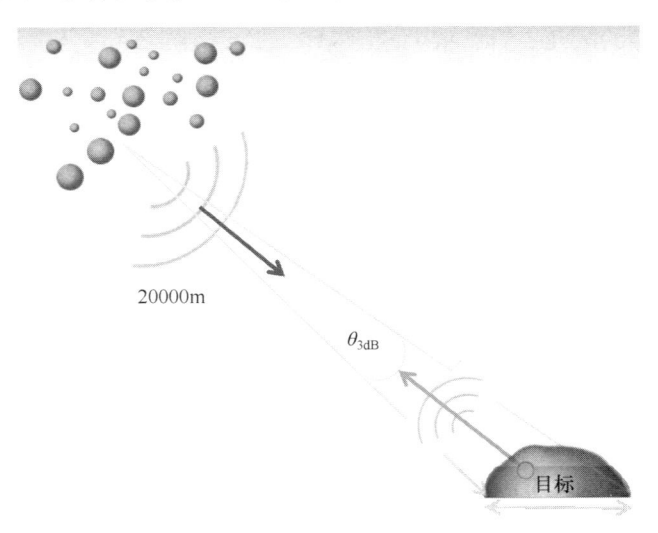

图 4.9 精确电子战示意

4.2.2 灵巧式干扰体制受青睐

1. 新型多目标干扰

以往采用的多目标干扰体制是对多个目标进行交替的时序干扰，更早还使用过多个干扰激励源相加的合成干扰技术，但现在基本不再使用，而逐步代之以梳状谱干扰和多波束干扰等多目标干扰体制，即用一部干扰机有针对性地同时或交替干扰多个目标的一种多信道干扰体制。该体制同时具备窄带瞄准干扰与宽带拦阻干扰特征，在干扰资源利用率方面比单目标窄带瞄准式干扰体制具有更多优点；而在针对性方面比宽带拦阻式干扰体制更为集中。例如，在同等输出功率条件下，可干扰尽可能多的目标；可近实时地进行干扰引导和干扰参数选择；能迅速确定对各信道的最佳干扰方式；具备很高的整机干扰功率和效率；具备较好的邻道干扰抑制能力等。

1）梳状谱干扰

梳状谱干扰技术是指通过数值计算，在敌方的整个工作频段产生"梳齿"状、非连续的干扰功率谱，并使用优化后的干扰波形实现多目标干扰的技术。这种技术可以克服相加合成干扰的信号失真度大、功率利用率低，以及时序干扰的干扰目标少、带宽窄的缺点，具有很大的潜力。

简单地说，这是一种离散的拦阻式干扰。如果在某个频带内有多个离散的窄带干扰，形成多个窄带谱峰，则它们被称为梳状谱干扰。梳状谱干扰实际上是一种频分体制，其时域是连续的，频域是离散的，它既可以用于常规通信信号的干扰，也可以用于跳频通信信号的干扰，具有较强的适应性。此外，它还具有很高的干扰效率。

2）相控阵多波束干扰

相控阵多波束干扰体制指的是通过相控阵天线同时产生不同方向、不同频率的波束，以实现多目标干扰。这种技术最为先进和极具潜力。如图 4.10 所示，挂载在 EC-130H "罗盘呼叫" 通信电子战飞机上的 "长矛" 吊舱有一个由 144 个独立的天线阵元组成的天线阵列，同时提供产生 4 个可控的高功率干扰波束，可对 4 个目标进行同步干扰。

(a) "长矛"吊舱相控阵天线

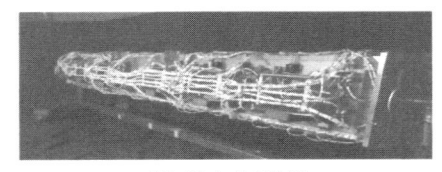

(b) 波束形成装置

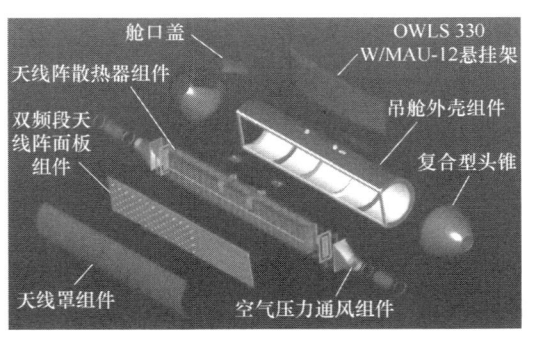

(c) 装备分解

图 4.10 "长矛"吊舱相控阵天线、波束形成装置及装备分解示意

尽管 EC-130H 电子战飞机已经陆续开始退役,并逐步将其载荷迁移到新的 EA-37B 电子战飞机上,但其基于相控阵的通信电子攻击能力保留了下来,如图 4.11 所示。

图 4.11 EA-37B 的相控阵天线

近年来,相控阵的发展更是日新月异,如 DARPA 商业时标阵列(ACT)项目就是典型代表,旨在大幅缩短相控阵阵列开发、部署、升级的周期,将其缩短至商用相控阵阵列研发周期的量级。该项目将摒弃传统的专用性强、耗时严重的阵列设计方法,并采用一种更加通用的方法来缩短开发周期。该项目开发出的相控阵非常适用于电子战、信号情报、通信等领域。传统相控阵体系结构与 ACT 相控阵体系结构之间的区别如图 4.12 所示。ACT 项目旨在将可重构能力、硬件重用能力引入相控阵天线系统中。具体来说,该项目把相控阵的多种功能模块(辐射单元、接收机、激励器、波束成形模块等)"封装"进一个可重构的通用硬件模块内。

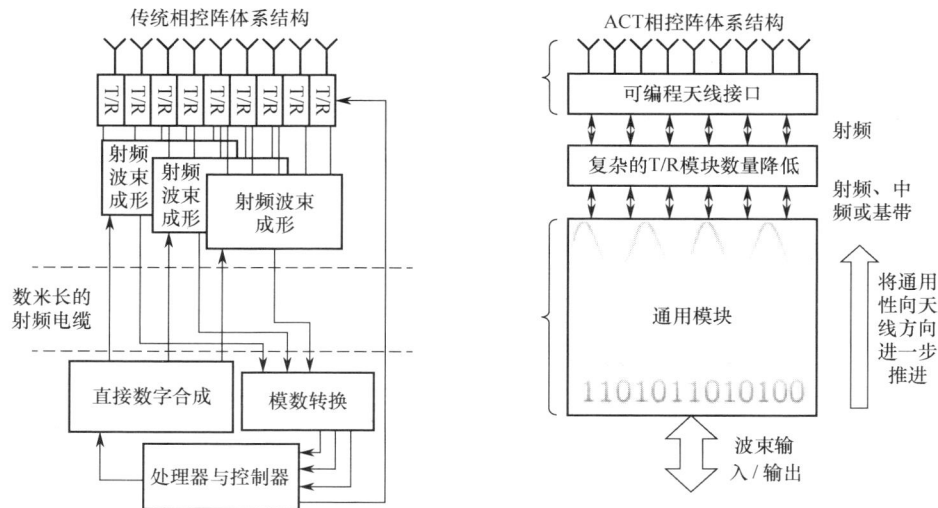

图 4.12　ACT 相控阵和传统相控阵在体系结构方面的区别

2．分布式灵巧干扰

以前的分布式干扰通常使用宽带扫频式拦阻式干扰方式，这是一种用锯齿波扫描整个工作频段、每个信道都按时序发射功率的干扰方法，对目标近距离干扰有一定效果。但此方法功率浪费较大，不利于干扰机的小型化和微型化设计。

目前出现了一种分布式灵巧干扰体制。分布式灵巧干扰实施近距离分布式干扰，但强调对抗设备的灵巧化设计。这种干扰设备不仅具备干扰能力，还具备侦察、分析能力，可根据侦察到的目标信号对其实施有针对性的瞄准式干扰，而非拦阻式干扰；干扰设备之间还可以实现联网通信，互通信息，实现对目标的侦察、协同定位、优化干扰及组网对抗能力。软件无线电的发展为该干扰体制的实现奠定了基础。

分布式灵巧干扰被认为是对战场通信网实施纵深攻击的有效方法。采用该技术的典型装备是美国的"狼群"系统（见图 4.13）。"狼群"是一个先进的、具有革新意义的电子对抗系统，可对敌方射频辐射源进行灵敏感知，同时阻止敌方使用电磁频谱。"狼群"系统本质上是采用了网络中心战思想的分布式电子战设备，通过对敌方关键的指挥、控制和通信节点、链路实施精确干扰并使信息网络失效来阻止敌方内部的通信联络；利用压制和定向攻击或信号欺骗及雷达假目标等手段来破坏敌方的通信和雷达系统接收信号，同时报告目标的位置和意图。

(a) 飞狼　　　　　　　　　　(b) 地狼

图 4.13　美国的"狼群"系统

"狼群"系统由多个独立的侦察干扰设备（称为分布式"节点"，也称为"狼"）组成，频率覆盖范围为 20MHz～20GHz，采用飞机投送、人工部署、迫击炮投掷、直升机空投、无人机投放等方式，用于空中平台（"飞狼"）或地面分布（"地狼"），部署在诸如敌防空系统附近，既能独立工作，也能通过通信联网协同作战，5～12只"狼"组成一个"狼群"。每只"狼"都可有效截获、分析、识别周围无线电信号，对辐射源进行精确定位，并能自适应识别新体制信号；整个"狼群"则具备自定位、自发现、自组织、自愈能力，实时截获信号，实现远程控制和编程，为指挥官提供全天时和全天候的战场态势，并可对关键目标进行连续侦察、精确定位和选择性干扰。该设备具有高度的适用性，能满足不断变化的战场或作战优先级要求。

此外，上文所述的"小精灵"项目就具备分布式对敌防空压制、通信干扰、抵近式侦察乃至恶意代码投送等多方面能力，如图 4.14 所示。借助其强大的抵近式、分布式、智能化网络协同作战能力，"小精灵"可以做到其他传统电子战系统无法做到的事情。

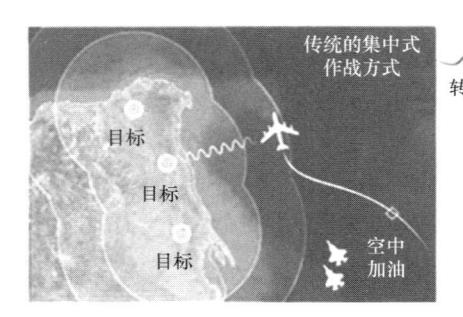

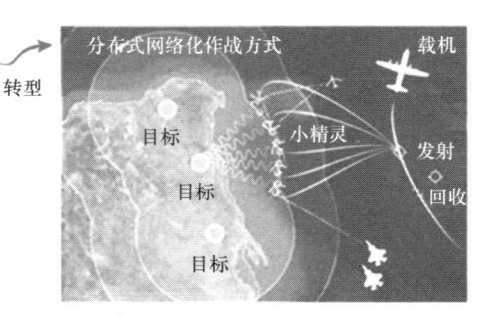

图 4.14　"小精灵"对目标发起网络化协同攻击

4.3　灵活适变——系统架构从以硬件为核心向以软件为核心转型

一直以来，通信电子战装备与其他信息装备一样，以硬件设计为核心，根据作战需求的不同和项目研制的先后，侦察、测向定位、干扰等各类装备自成体系。即使同类装备，不同频段、不同平台、不同用户的装备也独立设计，单独研制，互不相干。这不仅带来高研制成本、高采购成本等问题，而且组成复杂，设备量多，通用性差，适应力低，最终结果是装备可靠性大大降低。为了适应新的信号环境或功能要求，就必须更换或增加新的硬件，甚至研发新装备。

为解决上述问题，近年来以通用、标准的硬件为基础，以软件为核心的功能可重构和综合一体化装备技术已成为发展主流。从不同的侧面来看，这种技术有不同的名称，包括软件化、开放式、模块化、功能可重构、综合一体化等，但究其本质，都属于"从以硬件为核心向以软件为核心转型"的范畴。

4.3.1　功能可重构与综合一体化

以软件设计为核心、功能可重构的基本思路是：设计尽可能简单、通用、标准的硬件作为平台，通过采用可重构、可重组、可升级的模块化硬件和软件，以不断升级或加载不同的软件来实现装备的多种功能。也就是说，以不变的（标准化的、模块化的、通用的）硬件，通过灵活多变的软件，实现装备的功能扩展和性能提高，以不断提升和拓展装备的作战能力。

1. 功能可重构

功能可重构装备不仅简单可靠、功能强大，而且更加灵活方便。支撑功能可重构的就是目前广泛应用的软件无线电（SDR）技术，或者更广义地说，是目前炙手可热的软件定义一切（SDX）技术。采用该技术可使通信电子战装备就像一台计算机，硬件是通用、标准的，而运行在这一通用平台上的软件可以多种多样，且可以快速、灵活、持续升级换代，以适应不同时期、不同领域、不同作战环境的功能要求和作战能力的提升。

2. 综合一体化

综合一体化实际上是电子战装备的综合应用和协调技术，即侦察、测向定位、情报信息处理、干扰等功能的综合应用、协调的装备设计技术。该技术的出现实际上是一种必然，原因如下。

首先，侦察、测向定位、干扰本来就是一个相互依存、具备连续性的环节，侦察是测向定位和干扰的基础，首先要通过搜索、截获到信号以后才可以对信号进行测向定位，也才可以对信号实施有针对性、方向性的干扰。

其次，随着信息技术的发展，单从信号外部特征和采用一般分析手段已很难区分通信信号和非通信信号，更谈不上后续处理。例如，美军 link 16 数据链信号就非常类似雷达信号，雷达信号与敌我识别信号也很相似。这就很难用现有电子战装备去侦收、分析、识别上述未知特征的信号并施放最佳干扰。

最后，现有电子战装备的每个系统或操作席位都是不能相互调用的专用设备，其系统或操作席位设置一旦研制完成，要进行功能扩展或性能升级都必须进行硬件更换，带来相当大的难度，有时几乎是不可能的；设备一旦出现故障，系统或席位就会失去作用，无法完成作战任务。

3. 功能可重构的综合一体化电子战系统

为解决上述问题，必须研发功能可重构的综合一体化电子战系统。综合一体化装备首先必须是功能可重构装备，即以软件设计为核心、统一通用的硬件平台，包括宽带、一体化天线，大动态范围的通用射频前端（未来则将更多地采用灵活可重构的射频前端），高速、大动态范围模数转换器，宽带、大功率收发组件等。综合一体化通信电子战装备结构设想如图 4.15 所示。

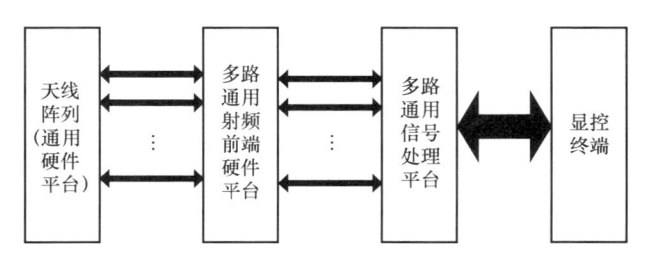

图 4.15 综合一体化通信电子战装备结构设想

其中的多路通用射频前端硬件平台，每一路都含有收、发两个通道和对应的收/发组件，使天线阵列收/发共用。通用射频前端的硬件设计遵循与通信、雷达探测、电子侦察、电子干扰、导航、测控、敌我识别等战术功能无关的原则，采用模块化、系列化和通用化设计，使其可以根据战术需要灵活组成能满足不同要求的射频前端。多路通用信号处理平台也具有收/发功能——既能对射频前端传来的宽带中频信号进行模/数变换和相应的后续数字信号处理，完成信号接收任务，也能根据所赋予的战术功能经过数/模变换产生所需的中频信号，完成信号发射任务。

4.3.2 模块化开放式系统体系架构

1. 美军开发的模块化开放式系统体系架构

美国国防部、美军各军种都开发了可用于电子战领域的模块化开放式系统体系架构。美国海军还专门发布了"电子战开放式体系架构路线图"。

美国国防部越来越多地采用模块化开放式系统方法/体系架构（MOSA），如图4.16所示。近年来，MOSA方法在电子信息领域的应用越来越广泛，尤其是电子战领域。以美军为例，空军的下一代干扰机（NGJ）项目、海军的水面电子战改进项目（SEWIP）、陆军的一体化电子战系统（IEWS）等大项目均采用了该方法。

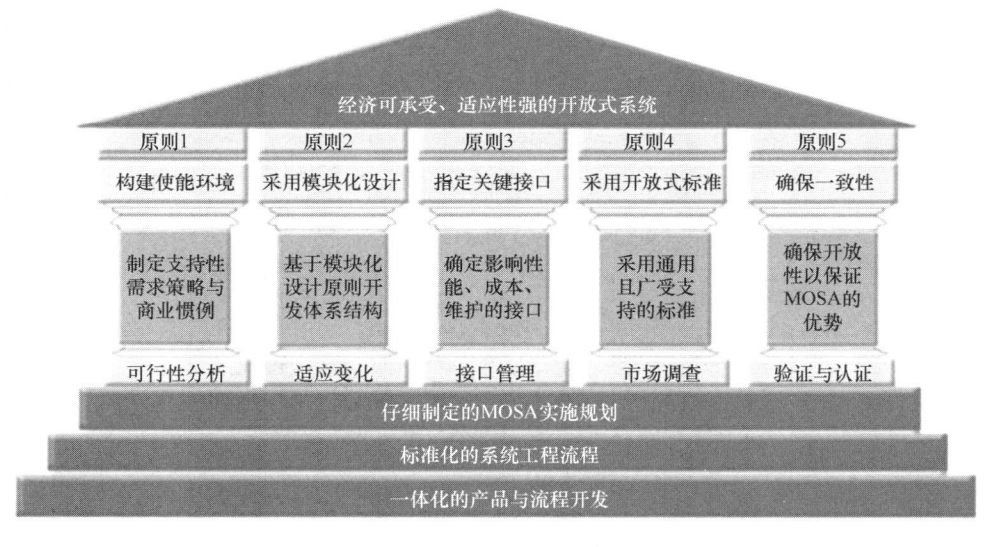

图4.16 MOSA示意

军种层面，美国陆军开发了模块化开放式射频体系结构（MORA）、一体化传感器体系结构（ISA），美国海军开发了基于硬件的开放式系统技术（HOST），美国空军开发了传感器开放式系统体系结构（SOSA，目前已有很多军种参与该架构）、全球高空开放式系统传感器技术（GHOST）、任务系统开放式体系结构科技（MOAST）、开放式任务系统（OMS）。

2. 工业界开发的模块化开放式系统体系架构

工业界也开发了一系列用于电子战领域的模块化开放式系统体系架构。

L3哈里斯公司和通用原子公司航空航天系统部联合推出了可升级开放式体系架构侦察（SOAR），该架构可用于"捕食者B"无人机所搭载的电子侦察/信号情报吊舱。该吊舱具备包括通信情报侦察在内的多种电子战功能，如图4.17所示。

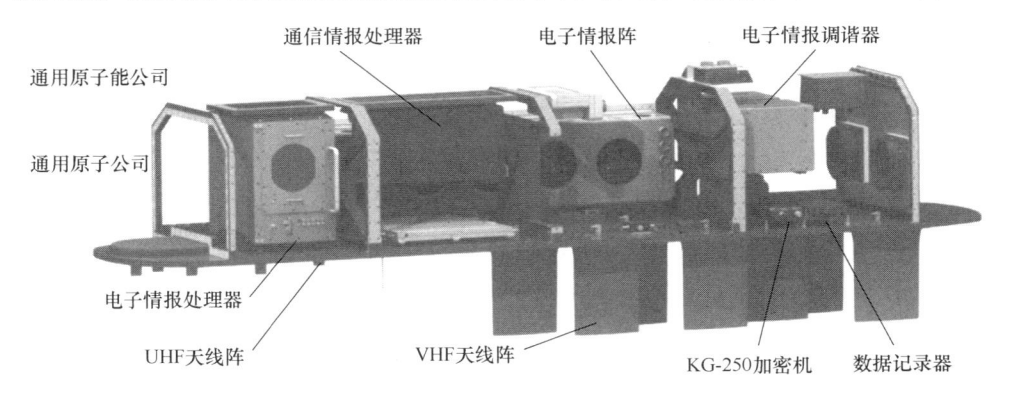

图4.17 SOAR示意

洛克希德·马丁公司推出了"开放式体系结构的、基于服务器的下一代电子战系统解决方案"，称为"基于服务器的电子战演示器"，其体系架构如图4.18所示。该方案具备以下特点：实现射频数字化，并通过一个灵活的数字干线网来分发连续性数字化中频（CDIF）数据；根据通用硬件中加载的具体任务软件、目标软件来实现新能力；利用开放式、标准化接口替换专用接口，以简化快速能力插入过程。

水星公司提出了一项旨在提升先进传感器与数据处理的综合射频与数字子系统效率的工业标准，称为OpenRFM。OpenRFM模块采用一种模块化开放架构，综合了软、硬件，可应用于电子战、信号情报等领域，如图4.19所示。

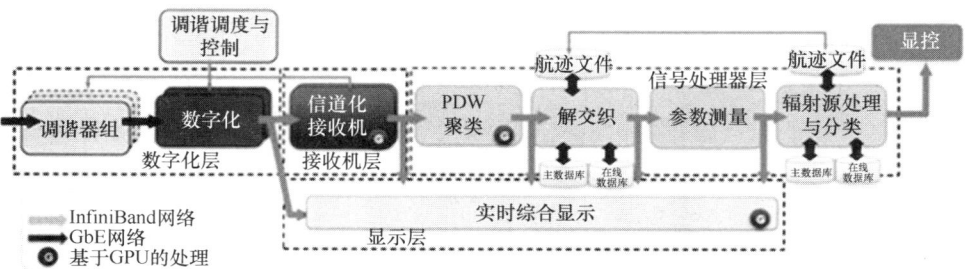

图 4.18 基于服务器的电子战演示器体系架构

图 4.19 OpenRFM 模块示意

3. 在电子战/信号情报领域的重要作用

模块化开放式体系架构在电子战/信号情报领域的重要作用可总结为以下几点。

开放式体系架构的核心要素是开放式的"模块"和"接口",核心目标是"即插即用"。所有开放式体系架构首先必须是一个"体系架构",根据《ISO/IEC 42010-IEEE Std 1471-2000：系统与软件工程》标准给出的定义,"体系架构是系统的基本组织模式,包括组成部分、组成部分之间的关系、组成部分与环境之间的关系,以及系统设计与演进应遵循的规则"。从这种定义可以看出,开放式系统体系架构的核心要素实际上就是开放式的"模块"("组成部分",可以是物理组成部分,也可以是逻辑组成部分,或者二者的组合)和"接口"("关系",可以是物理接口或逻辑接口）。此外，所有开放式体系架构都有一个共同的目标，即提升系统、子系统、平台等的经济可承受性、可重构能力、可升级能力、软件/硬件/固件可移植能力，并缩短应对新威胁时的反应周期。简而言之，核心目标就是实现软件/硬件/固件的"即插即用"。

开放式系统体系架构是软件化的"物质基础"，软件化又是智能化的"物质基础"。开放式系统体系架构可视作是实现软件化（"软件定义一切"）的基础设施，若没有互操作能力、模块化能力、可移植能力、即插即用能力、可重构能力等足够强大的开放式系统体系架构，则软件化目标无法实现；而软件化又是向智能化转型的桥梁与纽带，若没有软件化技术，则智能化无法真正实现。尽管人工智能技术数十年前就已经萌芽并经历了快速发展的时期，但直到基于开放式系统体系架构的软件化技术得到广泛认同并在整个电子信息领域取得广泛应用之后，真正意义上的智能化战争形态才开始出现。软件化技术/软件化对于向智能化战争转型而言所起到的重要作用，主要体现在两方面：其一，智能化战争的核心是人工智能算法层面的博弈，而人工智能算法所能调度、利用的核心资源就是软件化的各种功能，即软件化奠定了智能化战争转型的技术基础；其二，当前在智能化方面取得巨大进展的所有电子信息项目，都是部分或全部基于软件化技术或理念开发的项目，即软件化是智能化战争转型的必由之路。

在信号情报、电子战领域应用开放式系统体系架构的紧迫性很强。从技术层面来讲，当前比较公认的信号情报、电子战发展趋势主要包括认知化、网络化、快速响应、软件化等，而基于开放式系统体系架构的软件化可以视作其他几个趋势的基础，因为只有具备了开放式、模块化、系统功能可重构等技术基础，其他几方面能力才有望真正实现。因此，对于信号情报、电子战领域而言，尽管可能有很多条路要走，但软件化这条路无疑是必经之路，这也是美国空军非常迫切地致力于全方位提升其信号情报、电子战领域开放式系统体系架构应用深度、广度的重要原因之一。而且，如上所述，借助软件化能力，信号情报、电子战领域可以更加顺利地实现智能化转型（转型为认知电子战、认知信号情报）。在信号情报、电子战领域内迫切地应用开放式系统体系架构还有另外一个原因，即信号情报、电子战领域所面临的威胁环境、作战环境比其他领域都要更加复杂、动态、多变。因此，信号情报、电子战系统自身也必须具备足够的灵活性、可重构能力才能有效、快速应对。这也是美军各军种主要选择以信号情报或电子战领域作为开放式系统体系架构应用的切入点的原因之一。例如，除了用于信号情报领域的 GHOST 项目，美国空军在开发其 EC-37B 新一代"罗盘呼叫"电子战飞机的过程中也明确采用开放式系统体系架构。

4.3.3 虚拟化射频

传统上，美军的射频系统大多采用高度定制化的射频接口，以及精确调谐的天线、滤波器、上下变频器、振荡器等射频前端器件，这些前端电子器件负责将电磁信号进行初步处理并传输给高灵活性的数字化后端。这样就导致射频前端与数字化后端之间在灵活性、可重构能力方面的差距越来越大——射频系统的数字化部分灵活性越来越高，软件化波形层出不穷；反观射频系统的射频前端，则灵活性非常差，频率、带宽、频段数、效率等参数均很难调整。即便是相对灵活的相控阵射频系统，其相控阵阵列尺寸、可控波束数等参数也较难改变。

而对于以软件为中心的电子战系统而言，若射频前端可重构能力很差或完全不可重构，则将会在很大程度上影响系统效能的发挥。例如，多目标跟踪与干扰能力需要相控阵天线能够实时调整其可控波束数量与指向；不同侦察模式对于天线、滤波器、变频器等的具体要求也不尽相同。因此，从以软件为中心的电子战角度来讲，射频前端可重构能力至关重要，至少要能够实现射频前端的实时、现场可重用、可重构能力。实现这一目标（无论是否采用阵列化天线）的主要挑战就是确保射频前端（接收机、激励器）具备高度可重构能力的同时，仍能满足噪声系数、线性度、干扰缓解等方面的要求，因为这些方面的具体要求会对可重构能力、可重用能力产生很大影响。为应对上述挑战、提升射频前端可重构能力并最终实现最大程度的"软件化"，DARPA 开发了一系列"软件定义项目"，包括自适应射频技术（ART）项目、商业时标阵列（ACT）项目等。按照美军的说法，这些项目的最终目标是实现射频层面的"虚拟化"，进而为处理、应用等环节的虚拟化、可重构奠定坚实的基础，如图 4.20 所示。

DARPA 开发了一系列旨在实现视频虚拟化的项目与系统，包括：自适应射频技术（ART）系列项目，该项目设立了多个子项目，包括认知无线电低功耗信号分析传感器集成电路（CLASIC）、射频现场可编程门阵列（RF-FPGA）、可重构集成电路微波阵列技术（MATRIC）等；商业时标阵列（ACT）项目。此外，美国空军还开发了用于多功能灵活射频的可重构电子（REMAR）项目。

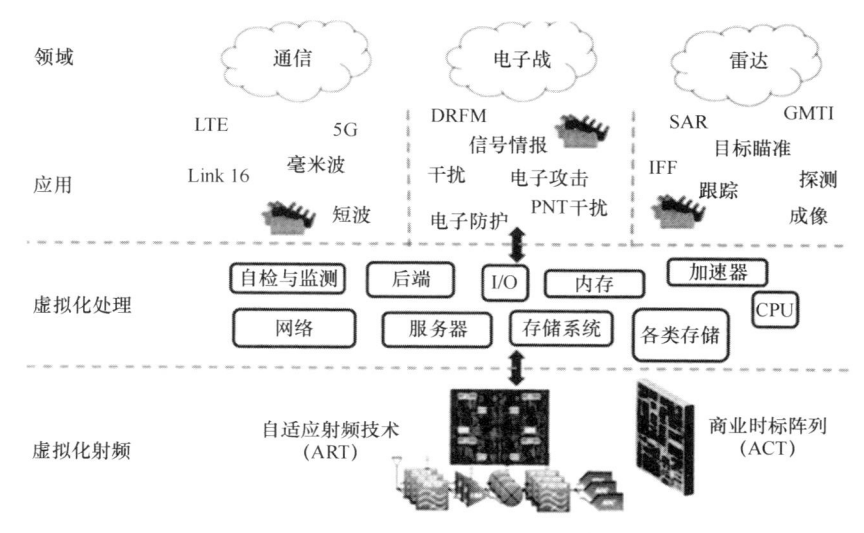

图 4.20　虚拟化射频及其基础支撑作用

4.3.4　以软件为核心的典型系统

"以硬件设计为通用平台、以软件设计为核心"的原则已成发展趋势，尤其以美军为代表，其电子战新装备研发全部强制要求采用该原则，即便是老装备升级改造也大多要求走以软件为核心的途径。

1. 美国陆军 VICTORY 系统

美国陆军的车载 C^4ISR/电子战互操作（VICTORY）系统是一个采用 MOSA 策略的实例，该系统为车辆内部网络定义一个标准方法来实现互操作，减少组件的冗余，防止"烟囱式"子系统对战车内宝贵空间的低效利用。VICTORY 鼓励使用商用现货的开放式标准来减少冗余，不仅节省了可用空间，还减少了重量，降低了动力消耗。节省的空间可用于装载弹药和供给，同时，通过改进车内的 SWAP-C 条件，可减少战车的总体重量，提高车辆的性能。VICTORY 没有限定特定的程序和平台，由政府、学术界和工业部门共同协调。其系统结构如图 4.21 所示。VICTORY 的核心是在车内在线可替换单元（LRU）之间设计互操作标准，VICTORY 在异构的 LRU 子系统间使用公开的接口标准。这样的开放结构标准并没有定义如何构建 LRU，而是定义了不同供应商所提供的 LRU 之间如何相互共享数据和资源。

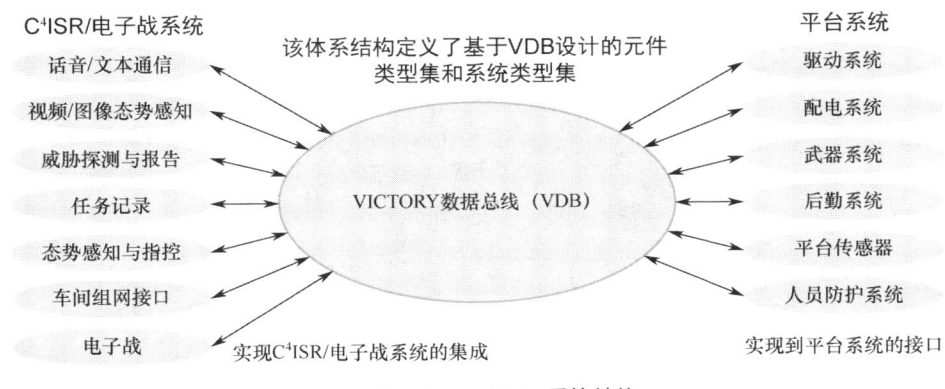

```
C⁴ISR/电子战系统                                                    平台系统
    话音/文本通信      该体系结构定义了基于VDB设计的元件              驱动系统
    视频/图像态势感知        类型集和系统类型集                      配电系统
    威胁探测与报告                                                 武器系统
    任务记录              VICTORY数据总线（VDB）                   后勤系统
    态势感知与指控                                                 平台传感器
    车间组网接口                                                   人员防护系统
    电子战           实现C⁴ISR/电子战系统的集成          实现到平台系统的接口
```

图 4.21　VICTORY 系统结构

2．"预言家"通信电子战系统

美国陆军的 MLQ-40（V）4 "预言家"是最具代表性的综合一体化通信电子战系统。该系统曾部署在阿富汗，用于支援"持久自由行动"，并曾在伊拉克战场长期使用，可截获加密和不加密的通信信号并测量辐射源的方位，能处理跳频、直接序列扩频等低截获概率通信信号和其他现代信号，另外还增加了电子攻击（干扰）能力、系统组网能力、信号遥感和超视距通信能力，为美国陆军快速部队提供有关敌人位置和行动的情报。该系统配置的背负式系统还可支持空降兵突击作战。

"预言家"系统使美军获得情报的能力上了一个新台阶。它是一个多情报平台，把电子支援传感器及电子攻击干扰机、测量与特征情报（MASINT）和地面监视传感器等各种移动有人平台上传感器和无人值守地面传感器（UGS）一起构成综合一体化系统。图 4.22 是"预言家"通信电子战系统的车载分系统。

该系统采用开放式系统体系架构，方便今后的改进，并且能在系统升级后，最大限度地利用原有设备。该系统不仅对通信电子战作战过程的各环节实现了一体化，而且还综合了雷达对抗、光电对抗等其他电子战功能，为战场指挥官提供有组织的情报（包括信号情报、测量与特征情报）、地面监视能力及干扰支援，为机动部队提供不间断的、强有力的支援，并与战术无人机（TUAV）信号情报载荷的作战能力相配合，使各级指挥官不仅能全面、近实时地了解敌方辐射源的情况，还具有对特定辐射源进行探测、识别、定位和跟踪的能力。

图 4.22 "预言家"通信电子战系统的车载分系统

3. 软件星

当前的天基卫星系统，一般根据其功能的划分不同而有各种类型，如通信卫星、导弹预警卫星、导航卫星、侦察卫星等。不同类型的卫星，在发射后，功能就被固化。采用这种功能单一的卫星技术体制，要实现其他功能，就不得不发射具有其他功能的卫星。但太空电子战装备有效载荷与其他卫星载荷不同，需要与陆、海、空载荷一样，能适应和有能力处理各种非常规类型的未知信号，应在信号参数测量、信号调制样式自动识别、信号解调等方面具有很强的通用性，这些要求更适合采用软件的变化来灵活处理，这就提出了"软件星"（SDS）概念。

"软件星"是在以软件设计为核心的基础上体现装备可重构和综合一体化思想的一个典型，其有效载荷采用通用硬件，通过无线遥控信道上载不同的功能软件来定义、更新或升级其战术技术性能，使其不断紧跟技术进步，满足不断变化的军事需求。这样不仅能够大大延长卫星使用寿命，还能够使其达到一星多能、一星多用的目的：不仅可以完成通信功能，还可以完成对雷达、通信和其他非通信信号的侦察功能，还可以用做有源探测，甚至对给定的目标卫星实施电子干扰。

"软件星"的立意是：通过软件无线电技术来简化硬件，降低系统组成的复杂度，增强系统功能，实现灵活多样性；其功能软件可通过地面控制站重新上载、卸载和更新，以适应不断变化的技术发展和军事需求。因此，"软件星"具有现实的应用基础和非常广阔的应用前景。

参考文献

[1] 张春磊，王一星，陈柱文. 网络化协同电子战[M]. 北京：国防工业出版社，2023.

[2] 邓兵，张韬，李炳荣. 通信对抗原理及应用[M]. 北京：电子工业出版社，2017.

[3] 张春磊. DARPA 面向认知电子战的射频前端虚拟化与智能化项目综述[J]. 通信电子战，2021(2)：24-29.

[4] 张春磊. 2015 年度世界软件化电子战领域发展综述[J]. 电子对抗，2016(2)：1-5，38.

[5] 张春磊. 模块化开放式系统方法综述[J]. 通信电子战，2014(3): 5-8，18.

[6] 张春磊. DARPA 典型"虚拟化射频"项目综述[J]. 通信电子战，2018(2)：12-17.

[7] Mercury Systems. OpenRFM-A Better Alternative For An Open Architecture to Support EW, EA and SIGINT Applications[R].2014.

第 5 章
通信电子战新领域

　　早期的通信电子战的作战对象一般是陆、海、空三军的战术通信系统（往往只限于点对点的通信电台），其实质是敌对双方为争夺无线通信领域的电磁频谱控制权而展开的电磁斗争。20 世纪 70 年代之后，微电子与信息技术获得迅猛发展，为适应实现全球军事战略，以美国为代表的发达国家，逐步构建了一个以天基信息系统（包括各类侦察卫星、预警卫星、导航卫星等）为基础、全球信息传输网（包括卫星通信、数据链通信等）为纽带的全球战场信息网络体系（C^4ISR 系统），把卫星、飞机、舰艇、战车等各类作战平台，以及从指挥官到普通士兵的各种作战单元无缝隙地紧密联系在一起，实现全球信息感知与共享。在对海湾战争进行总结时，时任美军中央司令部司令诺曼·施瓦茨科普夫上将就明确表示，"我们在精确制导武器、隐身技术、机动性及指挥、控制、通信与计算机方面的优势成了具有决定性作用的力量倍增器。"

可见，信息化战争不仅使通信电子战的作战环境发生了根本性变化，还使通信电子战的作战对象和内涵发生了重大拓展——卫星通信对抗、导航对抗、数据链对抗、测控对抗、敌我识别对抗、引信对抗等通信电子战新领域不断向外延伸。因此，通信电子战正面临新的发展机遇和重大挑战。

5.1 拆除"天梯"：卫星通信对抗

自古以来，有多少人仰望着天空，凝视着星星，幻想着那浩瀚深邃的太空有着实现人类梦想的天堂。为了能够实现人类飞天的梦想，在漫漫的历史长河中，人类经过几千年的苦苦追求，洒下无数的辛勤汗水，终于迎来了太空时代。自从1957年10月4日苏联把第一颗人造地球卫星送上天到今天，人类向太空已经发射了数万卫星及航天器。目前，美国、俄罗斯、英国、法国、意大利、西班牙、日本、印度、韩国、越南等国家都拥有在轨侦察、通信、测绘、导航、气象等军/民用卫星。不幸的是，卫星在造福人类的同时，也在改变、创造乃至支配着战争形态，甚至将战火也引向了太空。

20世纪90年代初爆发的海湾战争是一场公认的具有信息化战争雏形的现代高技术局部战争。在战争中，人们不仅看到了以物质、能量为基础的飞机、军舰、坦克等传统武器的巨大作用，还开始认识到以信息、信息技术为核心的信息化装备对战争进程产生的根本性影响。为保障指控的快捷、高效，以美国为首的多国部队动用了70余颗各类卫星、118个地面机动卫星站、12个商用卫星站参与战争行动。其中，由卫星提供的通信业务占70%左右。此次战争中，卫星通信有史以来第一次在兵力部署、支援和指控过程中，既在战区间又在战区内发挥了主要作用。甚至精确制导武器系统也要依赖通信卫星所提供的可靠的高速数据处理系统才能取得成功。军事卫星通信构成了指控的基本手段。例如，海湾战争中，美军把2颗通信卫星变轨到特定区域以支援第7军和第1远征军的战区内通信；使用英国的卫星为美国的战术卫星终端提供服务，以支援分散的英、美部队；各军种实现军事卫星通信设备互操作。至此，卫星及卫星通信在信息化战争中的重要地位开始呈现在世人面前。1990年12月，时任美军参谋长联席会议主席科林·鲍威尔上将表示，"当我们刚开始部署时，在西南亚只有最起码的通信基础设施，并且距离过远也令人头痛。然而，由于有良好的规划且高度重视通信卫星，我们才能迅速并顺利地建立了一个成熟的战区战术通信网络。"

2003 年爆发的伊拉克战争更是一场信息技术自始至终全面渗透、主导的战争。在战争中，美军的大量信息的传递均借助卫星通信来完成，整个战争动用了 167 颗军事卫星，承担了 90%左右的战场通信业务量。在有些情况下，美军甚至明确表示，"唯一可以一直信赖的通信设施是卫星通信"。美国海军陆战队的一位指挥官表示，"卫星通信是未来的发展趋势，海军陆战队需要从现在开始将注意力集中于此。"此次战争中，美军以卫星通信系统为纽带，构建了一个陆、海、空、天一体化的全球综合性战场信息网络体系，充分将其信息优势转化为作战优势。

2022 年爆发的俄乌冲突让人们对于一种新型卫星通信方式的潜在军事应用价值有了全新认知，这就是以"星链"（Starlink）为代表的巨型天基互联网星座。"星链"在俄乌冲突中为乌克兰提供信息支援作战，发挥了巨大作用。冲突初期，乌克兰受到俄军猛烈攻击，许多地区处于断网状态。"星链"承包商"太空探索"公司（SpaceX）在收到乌克兰请求后为其开通"星链"服务，并提供大量地面终端，保障乌克兰的通信和网络服务。经过测试，其稳定的上下行速率分别达到了 23Mbps 和 136Mbps，能够满足部队的指控和通信需求。"星链"是美国"太空探索"公司在 2015 年启动新一代非地球同步轨道（NGSO）卫星星座项目。"星链"星座部署在 1110km 左右的低地球轨道（LEO）和 340～600km 左右的甚低地球轨道（VLEO），计划部署约 42000 颗卫星。两个轨道的星座将协同工作，VLEO 星座主要用于解决人口密集地区较高的带宽需求，LEO 星座则为更广大地区的用户提供广泛覆盖。

纵观全局，人类突然发现，随着信息时代的来临，卫星通信已成为夺取太空战场信息优势的关键手段之一。

5.1.1 铸就"天梯"：卫星通信

卫星通信利用发射到太空的人造地球卫星作为太空中继站，将地面站（也称"地球站"）或地面终端发来的信号经变频放大后再转发回地面。这样，地球上任何两个地面站或通信终端之间，都能通过通信卫星实现通信。如图 5.1 所示，地球上某一位置的陆、海、空用户的信息经由一架"天梯"（上行链路）到达卫星，经转发后再经另一架"天梯"（下行链路）到达地球上另一位置的陆、海、空用户。卫星通信具有距离远、覆盖广、容量大、机动能力强、受环境限制少、中转环节少等特点，在信息化战场上发挥着不可或缺的作用。

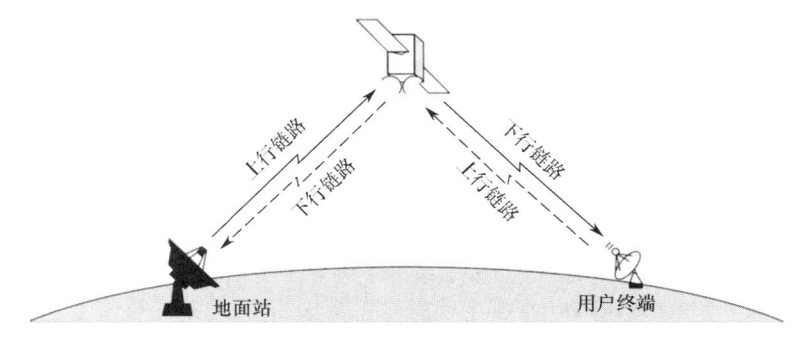

图 5.1　卫星通信示意

通信卫星如繁星般形形色色。按用户分，有军用卫星、民用卫星和商用卫星等；按卫星轨道分，有地球静止轨道（GEO，也称"静地轨道"）卫星、高椭圆轨道（HEO，也称"大椭圆轨道"）卫星、中地球轨道（MEO）卫星和低地球轨道（LEO）卫星等。按工作频段分，有特高频（UHF）通信卫星、超高频（SHF）通信卫星和极高频（EHF）通信卫星等。

"运筹帷幄需耳聪目明，决胜千里需信息畅通"。军事卫星通信系统是信息化战争的核心支柱之一，因此，步入 21 世纪的信息时代，卫星通信备受世界各国的青睐。其中，美国是当今世界最早部署和应用军事通信卫星的国家，也是建设军事卫星通信系统和太空信息网络最为完整的国家。

为了满足未来军事卫星通信的需求，美国的军事卫星通信系统分为窄带系统、宽带系统和受保护系统。窄带系统主要用于支持用户的话音通信、低速率数据的移动通信，特别适合那些受到终端能力、天线尺寸、使用环境等严重影响的用户需求，典型卫星为移动用户目标系统（MUOS）；宽带系统能够提供视频图像等大容量宽带通信，典型卫星为宽带全球卫星通信系统（WGS）；而受保护系统则能提供抗干扰能力强、隐蔽性能好的保密安全可靠的通信服务，甚至在核战争环境下仍具有强生存能力，典型卫星为先进极高频（AEHF）及美军正在开发的演进战略卫星（ESS）系统。

这三类卫星构成了美国军事通信卫星的三位一体体系，如图 5.2 所示。当然，所谓"替换"并非一蹴而就的，目前仍处于新旧军用通信卫星共存期。

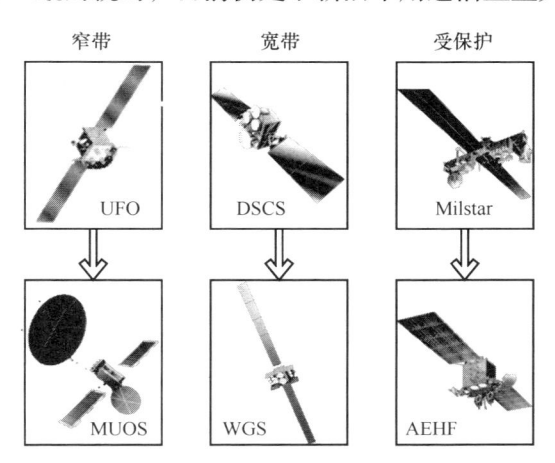

图 5.2　美国三位一体的军事通信卫星体系

美军目前在轨运行的主要军事通信卫星及升级换代产品如表 5.1 所示。

表 5.1　美军目前在轨运行的主要军事通信卫星及升级换代产品

卫星类别	目前在轨通信卫星	升级换代通信卫星
窄带系统	特高频后续卫星（UFO）5 颗，1996—2003 年发射；UFO-8-UFO-10 搭载全球广播业务系统（GBS）	移动用户目标系统（MUOS）
宽带系统	国防卫星通信系统（DSCS）5 颗，1997—2003 年发射	宽带全球卫星通信（WGS）系统，到 2024 年 8 月，太平洋、印度洋和大西洋上空 10 颗已在轨运行，且将搭载全球广播业务系统（GBS）。此外，WGS-11 和 WGS-12 正在制造中
受保护系统	军事星（Milstar-I、Milstar-II）5 颗，1994—2003 年发射	先进极高频卫星（AEHF，即 Milstar-III）；先进极地系统（APS）；演进型战略卫星（ESS）系统
中继星	跟踪与数据中继卫星（TDRS）10 颗（分别部署在印度洋、太平洋、大西洋上空同步轨道）	
军民两用星	下一代铱星（66 颗）、星链（目前在轨 6000 余颗，计划部署约 3.4 万颗）、OneWeb（在轨 600 余颗，计划部署 7652 颗）、O3b（在轨 26 颗，计划部署 36 颗）及国际海事卫星等	

1. 移动用户目标系统（MUOS）

UHF 频段一直是军事卫星通信的主力，是最有效的军事无线频段，可穿透丛林覆盖、严酷的天气环境及复杂的地形。美国所有的部队及其部分盟军都使用海军的卫星进行窄带通信。在美军的卫星通信用户中，有超过 60%的用户都使用 UHF 频段进行通信，各军种部署的 UHF 终端超过数万台，终端类型超过 50 个，其中有许多都是面向战场应用的小型、便携式终端。

美国海军的 UHF 频段通信卫星系统主要经历了"舰队卫星""UHF 频段后续星（UFO）""移动用户目标系统（MUOS）"这几个阶段。MUOS 是美国海军太空与海上作战系统司令部（SPAWAR）开发的先进窄带系统（ANS）的核心部分，先进窄带系统主要由 MUOS、国防部电信港（TelePort，部分电信港充当了 MUOS 卫星的地面站）、用户终端三部分组成。

1）MUOS 空间段

MUOS 星座包括 4 颗地球同步轨道卫星、1 颗在轨备份星。星上共携带 4 部天线：1 部为多波束天线；1 部为 UHF 传统天线；另外 2 部为 Ka 频段馈电链路发送和接收天线。MUOS 卫星及其主要天线如图 5.3 所示。MUOS 天线的多波束能力使每个波束的天线增益远高于传统的 UFO 卫星的增益，这些额外的增益可用来支持手持式终端，同时还可以大幅降低所有终端所需的辐射功率。

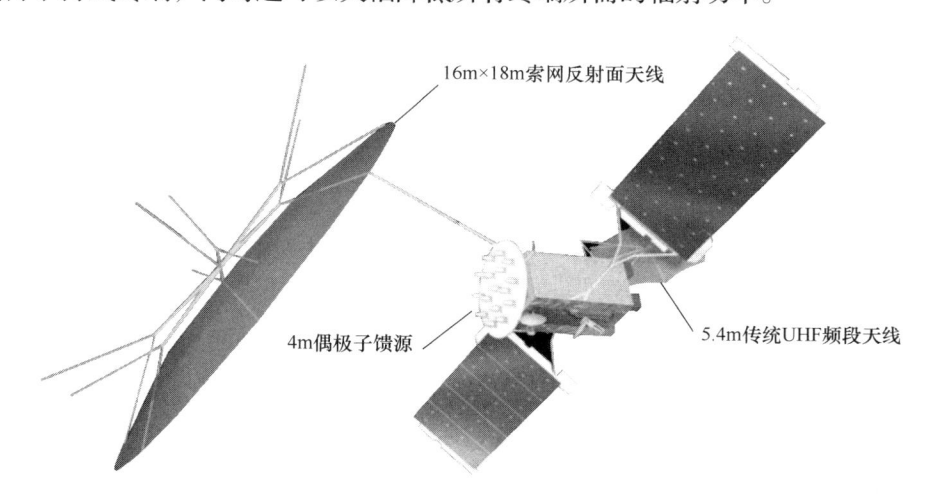

图 5.3 MUOS 卫星及其主要天线

2）MUOS 地面控制段

MUOS 地面控制段主要包括两类地面站：MUOS 自身运作、通信所需的地面站，这类地面站在世界范围内主要有 4 个；此外，还有 2 个位于美国本土的卫星控制站。系统的正常运作总共需要 5 个地面站（含一个备份星控制站），即每颗卫星对应一个地面站。地面站之间通过光纤网络［国防信息系统网（DISN）］相连，如图 5.4 所示。

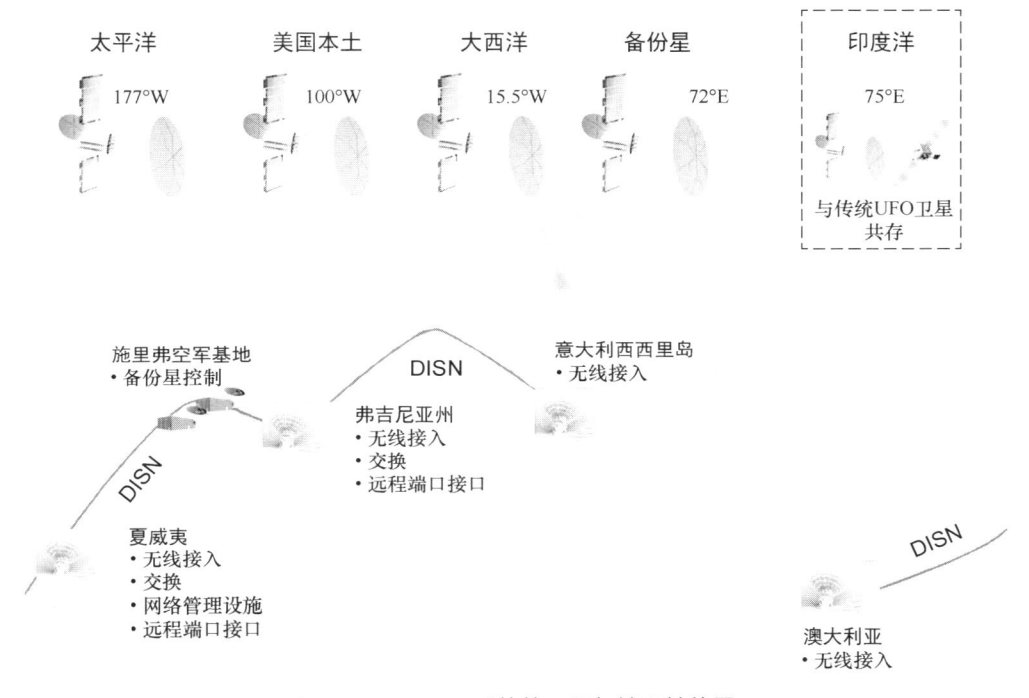

图 5.4　MUOS 系统的卫星与地面站位置

2．宽带全球卫星通信系统（WGS）

随着数据业务量的增长，宽带通信是未来军事卫星通信发展的方向。宽带全球卫星通信系统（WGS）是一种大容量的军用卫星通信系统，与目前的国防卫星通信系统（DSCS）和全球广播业务系统（GBS）相比，宽带全球卫星通信系统将为战场上的部队提供快速、大容量、网络中心通信能力，并成为国防卫星通信系统（DSCS Ⅲ）与未来的先进宽带系统卫星之间的联系桥梁，填补其通信覆盖的缺口。宽带全球卫星通信系统还补充和加强了美国空军和海军的通信能力和容量，支持移动通信及战术个人通信用户的大容量 Ka 频段双工通信。截至 2024 年，美军总共规划了 12 颗 WGS 卫星，其中 10 颗已经发射成功，未发射的第 11、12 颗卫星则将采用新的抗干扰体制，即受保护的战术企业服务（PTES）。

1）WGS 空间段

WGS 卫星如图 5.5 所示。该卫星安装了 13 副天线，具有 X 和 Ka 两种频段。其中包括 3 副 X 频段天线，可形成 8 个可控/成形波束；10 副 Ka 频段天线，可形成 10 个 Ka 频段可控窄波束。13 副天线形成的 19 个波束可覆盖南北纬 65°之间 19 个独立地区。

图 5.5　WGS 卫星

2）WGS 地面控制段

WGS 地面控制段主要通过空间地面链路系统与遥测跟踪控制系统对 WGS 卫星进行控制；科罗拉多州施里弗空军基地的空军卫星测控中心是 WGS 系统的主要控制中心，卫星平台由空军第三空间作战中队控制；卫星载荷由该空军基地陆军第 53 信号营控制。卫星其他地面控制设施还包括位于马里兰州米德堡和迪特里克堡的宽带卫星控制中心、加利福尼亚州罗伯茨兵营宽带卫星控制中心、夏威夷州瓦西阿瓦宽带卫星控制中心、驻日美军冲绳基地宽带卫星控制中心、德国兰德斯图的美军国防网络中心、澳大利亚东/西部卫星地面站。此外，还有连接德国兰德斯图、澳大利亚及夏威夷的陆地光缆。

3．先进极高频（AEHF）卫星通信系统

AEHF 卫星通信系统是新一代高度安全和抗干扰的卫星通信系统，实际上是

第三代"军事星"(Milstar Ⅲ)。目前美军正在推进"演进战略卫星"(ESS)通信系统的开发，该系统可视作 AEHF 的后续卫星。

AEHF 卫星通信系统将在各种级别的冲突中，为陆、空、海军及特种部队、战略导弹部队、战略防御、战区导弹防御和太空对抗的战略和战术力量提供安全可靠、具有强抗干扰能力的全球卫星宽带通信服务，比第二代"军事星"具有更大的传输容量、更高的数据传输速率和更短的响应时间。星上处理装置和星间链路的配备使卫星具有全程处理能力而不仅仅作为转发器使用。AEHF 卫星通信系统不仅能用于常规战争期间的战术通信，也能用于核战情况下的战略通信，能为装备 AEHF 卫星通信终端的机载、舰载、车载作战平台和作战人员提供更加灵活的"动中通"通信服务。据称 AEHF-6 于 2020 年 3 月 26 日发射，至此 AEHF 星座已完成所有卫星发射。

整个 AEHF 系统由空间段、控制段、用户段三部分组成，如图 5.6 所示。其中，空间段主要包括卫星平台及其有效载荷等；控制段主要包括卫星测控站、测控平台等；用户段主要包括卫星通信终端、电信港［Teleport，是美国国防部信息网（DoDIN）地面固定干线节点］等。

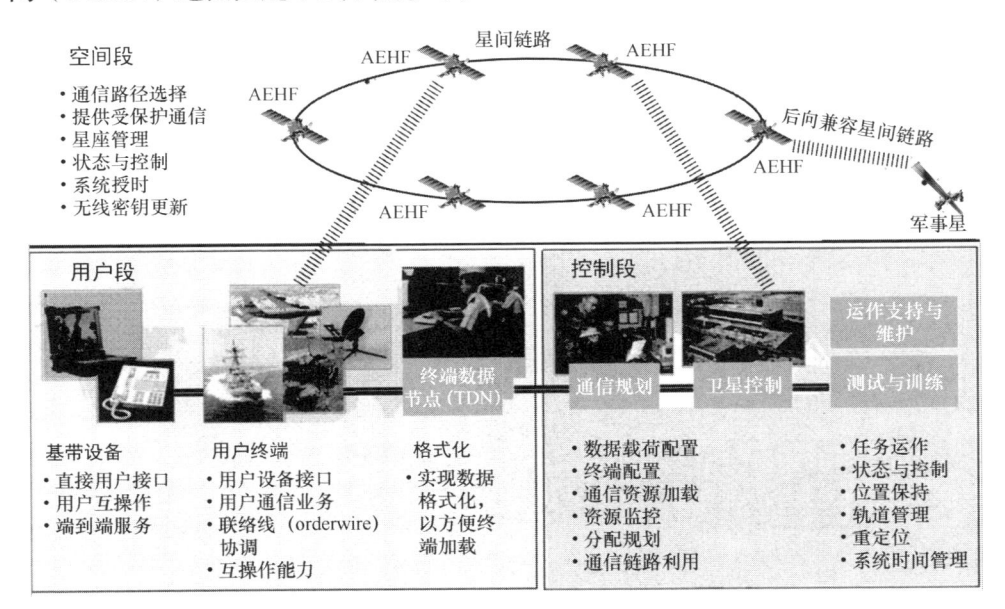

图 5.6　AEHF 系统示意

空间段的 AEHF 星座由 6 颗采用星间链路的卫星组成，如图 5.7 所示。AEHF 卫星工作在地球同步轨道上，能覆盖地球上南北纬 65°间的广大地区，为高优先级的地面、海上、水下和空中平台提供抗干扰通信。

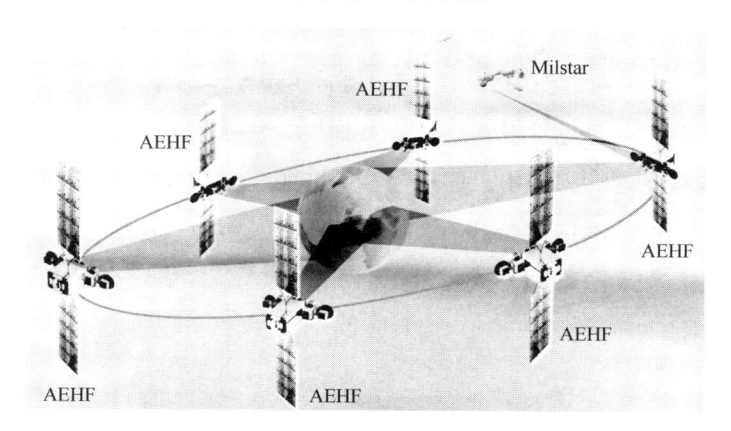

图 5.7　AEHF 卫星星座效果

4．演进战略卫星（ESS）系统

ESS 是继承 AEHF 战略通信任务的抗干扰军事卫星通信系统，为高优先级军事行动和国家指挥机构提供可生存的、全球的、安全的、受保护和抗干扰的通信能力，具备在中纬度地区与 AEHF 系统的互操作能力，同时自身通信能力扩展到北极地区，最终全面取代 AEHF 系统。ESS 示意如图 5.8 所示。

图 5.8　ESS 示意

为了满足战略通信要求和弥补能力差距，ESS 系统将为全球（包括极地）美国国防部地面、海上和空中资产的战略、安全、抗干扰和核生存能力通信提供太空和任务控制部分。ESS 将具备机载弹性功能和受保护战术波形（PTW）有效载荷集成能力。受保护战术波形可缓解干扰影响，确保在能力降级环境中向联合部队和盟友提供受保护战术卫星通信。ESS 支持诸如总统和国家语音会议（PNVC）、核指控（NC2）战略网络、终端反馈和应急行动信息（EAM）传播等战略任务需求；为国家指挥当局和战斗指挥官提供高度可靠、安全的军事卫星通信，以执行单一综合行动计划（SIOP），并在各级冲突中指挥和控制战略部队；支持《2030 战略需求》提出的所有作战环境，包括核、有争议和良好的环境。它将根据需要向后兼容扩展数据速率（XDR）波形和 AEHF 射频星间链路，具备与 AEHF 的互操作接口，支持与战略通信服务相关的通信协议。ESS 系统还将通过适应机载弹性有效载荷、提供机动能力和纳入改进型网络安全，满足增强弹性方面的新要求和新能力。

5．扩散型作战人员太空架构（PWSA）传输层星座

2019 年 7 月 1 日，美国太空发展局（SDA）发布了下一代太空架构信息征询书，指出下一代太空架构将由 7 层基于小型通信卫星网络的结构组成，分别是传输层、跟踪层、监视层、威慑层、导航层、作战管理层和支持层，处于近地轨道的传输层是整个架构通信和组网的基础。2023 年 1 月 23 日，美国太空发展局宣布，下一代太空架构重新命名为扩散型作战人员太空架构（PWSA），如图 5.9 所示。

传输层将在全球范围内为作战平台提供可靠、弹性、低延迟的数据传输，将成为下一代太空架构的基础。传输层低轨卫星星座将由 300～500 颗工作在 Ka 频段的卫星组成，轨道高度在 750～1200km 之间。传输层星座将配备激光星间链路，在性能上比微波星间链路有显著提升。低轨卫星星座搭配激光星间链路，可实现低损耗、低延迟的数据传输，这对于应对当前作战环境中的时敏目标威胁至关重要。2020 年 4 月，美国太空发展局发布了传输层 0 期提案征询书草案。传输层 0 期已完成 20 颗卫星的部署，形成初始运行能力。未来的传输层 1 期、2 期等星座将提供增强功能，增加跨卫星星座的路由功能。该星座最重要的功能是搭载了 Link 16 和综合广播系统（IBS），这将更好地满足作战人员对全球威胁预警和态势感知信息的需求。

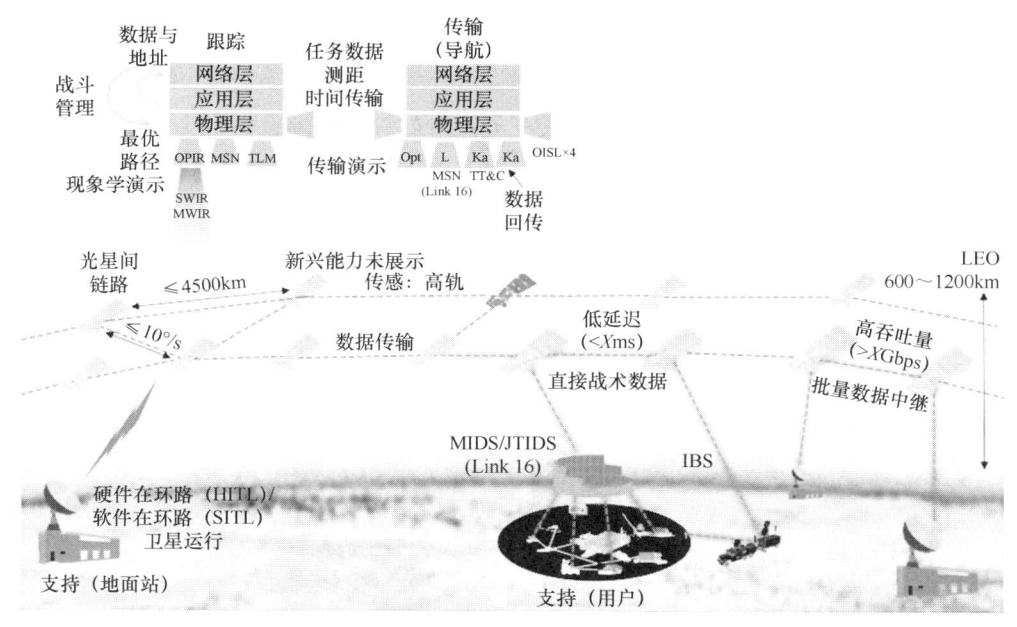

图 5.9　PWSA 示意

6. 跟踪与数据中继卫星系统（TDRSS）：太空"接力站"

跟踪与数据中继卫星系统（TDRSS）是一种具有转发功能的卫星通信系统。其任务是将地球同步轨道作为天基中继转发站，转发地面终端站对低、中轨道飞行器的跟踪测控信号和通信信号，并中继转发从飞行器发回美国本土地面信息处理中心的信息，把全球任何需要中继转发的用户同美国本土紧密联系起来。跟踪与数据中继卫星系统从根本上解决了测控、通信的全球覆盖问题，同时还解决了高速数据传输和多目标测控、通信等技术难题。

跟踪与数据中继卫星（TDRS）具有跟踪测轨和数据中继两大功能，能够为光学成像卫星、雷达成像卫星、电子侦察卫星、海洋监视卫星、科学实验卫星、载人飞船、航天飞机、空天飞机、国际空间站、哈勃太空望远镜及其他飞行器（如"全球鹰"无人机、预警机）提供与美国本土地面信息处理中心或地面终端站之间的通信中继业务。

TDRS 主要有 3 代：第一代从 1983 年到 1995 年间发射，共有 6 颗卫星入轨；第二代从 2000 年到 2002 年间发射，共有 3 颗卫星入轨；第三代从 2013 年到 2017 年间发射，共有 3 颗卫星入轨。第一代、第二代 TDRS 卫星如图 5.10 所示。据分析，截至 2024 年，仍有 3～6 颗卫星在轨。

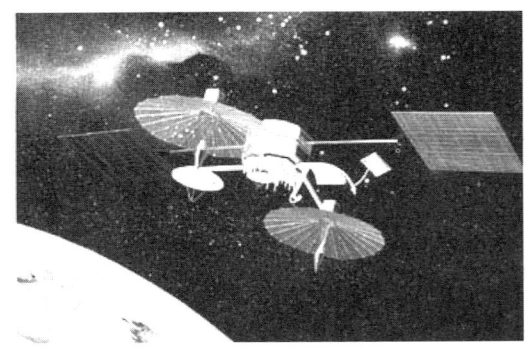

图 5.10　第一代（左）与第二代（右）TDRS 卫星

7．全球广播业务（GBS）卫星：太空"广播电台"

在未来的信息化战场上，一般战术通信网难以承受大量数据信息的传输分发，采用直播卫星进行数据广播可以满足未来信息化战场对数据分发的要求。全球广播业务（GBS）卫星（见图 5.11）通信系统是美国国防部根据未来信息战需求，在商用卫星直播业务（DBS）的基础上发展起来的军用信息传输业务系统。

图 5.11　GBS 卫星示意

全球广播业务卫星通信系统是一种单向卫星通信系统，具有容量大、支持战术用户和多点广播等特点，主要用于为陆、海（包括海军陆战队）、空三军部署在世界各地的驻军和作战部队提供大容量数据广播通信业务，包括视频、图像、地图、气象数据、后勤供应、空中飞行管制等。全球广播业务卫星通信系统也是美国防部国防信息系统网（DISN）的延伸，是军事卫星通信体系结构的一部分。

8. "星链"等低轨巨星座：太空互联网

随着移动通信技术、互联网技术和卫星制造技术等领域的飞速发展，低轨卫星通过与这些技术的融合而催生了太空互联网技术。2014 年以来，大量的公司加入低轨通信卫星星座的建设浪潮中。早期有"一网"（OneWeb）、太空探索（SpaceX）、加拿大电信公司，近期有亚马逊、谷歌、脸谱等，商业公司纷纷发布低轨星座计划，旨在依托低轨卫星打造新型太空互联网。这种太空互联网的好处就是，利用近地轨道的空间优势解决偏远地区及特殊地形内的互联网接入问题，因而无论在海上还是山区，用户都能轻松上网。

在这些新兴低轨星座中，"星链""一网""柯伊伯"星座计划部署卫星数都在数千颗以上，可称得上是低轨巨星座。"星链"星座更是其中的佼佼者，最新计划部署数量约 3.4 万颗，为当前星座规模之最；同时，太空探索公司完全包揽载荷研发、平台制造、卫星发射、火箭回收等相关技术和业务，引领低轨卫星技术发展。2018 年 2 月，2 颗试验卫星的发射开启了太空探索公司"星链"项目进军太空的序幕。截至 2024 年 8 月，太空探索公司已发射约 6800 颗"星链"卫星，在轨约 6300 颗。测试显示，"星链"系统基本能够胜任当前普通用户的上网需求。

9. 卫星直连：手机的"通天"梦想

在人们的印象中，手机总是和地面基站绑定在一起，如果用户在地面基站信号覆盖范围之外，手机就会发出信号受限的提示而无法正常通信。随着第三代合作伙伴计划（3GPP）在 5G NTN 的标准制定即将完成，未来 6G 的标准体系即将确立，卫星直连手机作为下一代移动通信的形态之一，已经成为共识，这将有力促进天地一体化通信的真正实现。卫星直连手机的成熟或将从根本上改变未来军事指控的架构和流程。

卫星直连手机技术的诞生完全解放了手机的使用距离限制，突破了基站的传统形态。根据采用卫星直连手机技术方案的不同，基站可以选择搭载于卫星上，也可以植入手机中，其实现方式如表 5.2 所示。

表 5.2 卫星直连手机技术方案

	双模手机	3GPP NTN	存量手机
空口协议	卫星私有协议	3GPP NTN 协议	终端采用 4G/5G 协议，网络侧针对卫星场景进行增强
设备研发	双模手机 互通网关	支持 NTN 的终端 支持 NTN 的基站	高性能卫星 定制基站
空口频率	卫星 L/S 频段	R17 支持卫星 L/S 频段 R18 正在新增 10GHz 以上频段	地面运营商频率
卫星轨道	高轨、低轨	高轨、低轨	低轨
产业	传统卫星产业封闭，星地产业链相对对立	3GPP NTN 路线基于全球统一标准，对卫星能力要求低，可复用地面产业链，有利于后续演进	基于 4G/5G 技术体系，星地产业链高度复用

2020 年 3 月，Lynk 公司宣布成功将低地球轨道卫星与地球上的普通移动电话连接。这是世界上首次从太空向地球上的移动电话发送短信，这是一项里程碑式的技术突破。Lynk 公司的最终愿景是使用卫星直接为地球上超过 50 亿的移动电话提供无处不在的宽带服务。试验使用的是该公司的专利产品——基于低轨纳卫星的"太空蜂窝发射塔"技术，可以直接连接到未经修改的移动电话，该公司已经成功进行了多次测试。

AST 太空移动公司一直在推进对其直连手机原型卫星"蓝行者 3 号"（Blue Walker 3）进行多项地面测试。重达 1500kg 的"蓝行者 3 号"卫星装有 64m^2 的相控阵天线，通过 3GPP 标准频率直接与蜂窝设备通信。最终，AST 太空移动公司的目标是部署大约 100 颗卫星，以实现大量的全球移动覆盖。2022 年 7 月 28 日，据报道，该公司已经与诺基亚签署了一项为期五年的 5G 协议。诺基亚提供的产品组合包括由"礁鲨"（ReefShark）片上系统芯片组提供支持的 AirScale 基站。

2023 年 10 月 11 日，太空探索公司推出"星链"直连手机（Direct to Cell）业务，该业务适用于现有的长期演进（LTE）手机。该手机无须更改硬件、固件或特殊应用程序，即可通过"星链"发送文本、话音和数据。如图 5.12 所示，手机直连卫星将携带 4G 基站（eNodeB）入轨，卫星间具备星间链路，比透明转发系统更加灵活。

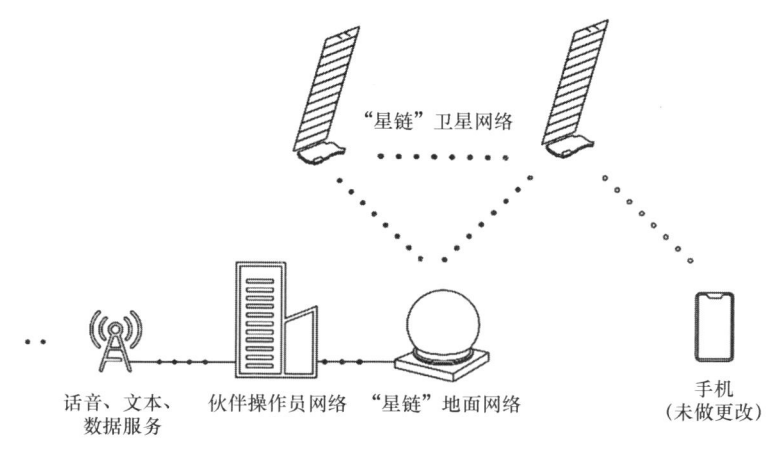

图 5.12 "星链"直连手机示意

5.1.2 拆除"天梯":卫星通信对抗

为了满足制信息权、制太空权争夺的需要,随着对卫星通信的日益依赖,加之卫星通信带来的巨大军事效益,卫星通信的畅通与否必定成为博弈双方斗争的首选目标。因此,削弱、干扰、破坏对方的卫星通信系统,保护己方卫星通信效能的正常发挥,成了各国军事家和技术人员追求的"制高点"。总之,卫星通信对抗已势在必行,不可阻挡,它是未来太空战场上拆除信息"天梯"的"天兵天将"。

卫星通信对抗主要包括以下三方面内容。

1. 卫星通信侦察

卫星通信侦察是卫星通信对抗的基础,利用侦察卫星、地面通信侦察站、侦察飞机、侦察船等各种通信侦察设备,对敌方卫星通信信号进行搜索、截获、检测、定位、识别、记录和分析,从而了解敌方卫星通信设备的性能(如通信体制、上下行频率、调制方式等)、用途及配置等情况,为获取各种军事情报创造条件,同时为卫星通信干扰提供依据。

2. 卫星通信干扰

卫星通信干扰是根据侦察所获得的有关敌方卫星通信系统的上行和下行信号的频率、通信制式等情报信息,运用通信干扰手段,对敌方卫星通信设备实施扰乱破坏的作战行动。

卫星通信干扰的基本方法是：利用置于地面、空中或太空的专用通信干扰设备，通过发射相应的窄带或宽带干扰信号，对卫星通信系统的上行链路或下行链路施放干扰，也就是对通信卫星转发器或地面通信接收终端进行干扰，使其不能正常工作。

实体摧毁是削弱、破坏敌方卫星通信设施和系统效能的有效途径之一，其方法主要有两种：一是对卫星进行摧毁性的电磁脉冲干扰；二是用反卫星武器（如拦截卫星、拦截导弹、激光高能武器）直接摧毁通信卫星。

3．卫星通信电子防护

随着卫星通信侦察和干扰能力的飞速提升，卫星通信电子防御手段也水涨船高，其目的就是千方百计地躲避、欺骗敌方对卫星通信的侦察与干扰。卫星通信电子防御也称卫星通信反对抗，是为保障己方卫星通信设备和系统正常发挥效能而采取的措施和行动，主要包括卫星通信反侦察、卫星通信反干扰和卫星通信防摧毁。

4．美国太空军反卫星通信能力体系

以美国太空军为例，在反卫星通信系统方面，美国太空军逐步形成了"侦攻防指一体，面向联合作战"的装备体系，如图 5.13 所示。

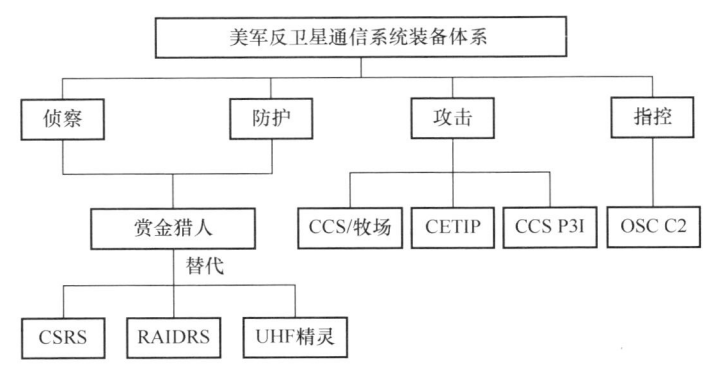

图 5.13 美军反卫星通信系统装备体系

上述装备体系中，相关系统的主要功能概述如下。

反卫星通信电子支援功能（干扰目标发现与定位）主要由"赏金猎人"系统负责。从当前的装备体系描述来看，"赏金猎人"系统主要功能之一就是电子

支援（卫星通信定位），电子支援的结果（待干扰卫星通信辐射源位置）用以引导 CCS 系列系统实施针对性的卫星通信电子攻击。该系统侦察能力应该覆盖了传统卫星通信的所有频段，即 C、Ku、X 和 UHF 频段。而且随着 Ka 频段通信卫星的快速发展，有理由相信其已经具备了该频段的侦察能力。

反卫星通信电子防护功能（干扰监测与溯源功能）主要由"赏金猎人"系统负责。"赏金猎人"系统的另一个主要功能应该是替代传统 CSRS、RAIDRS 和 "UHF 精灵"系统的电子防护功能，即对美军通信卫星所遭受的电子干扰源进行感知与定位，进而采取针对性的电子防护措施。其频段应该也覆盖了通信卫星常用的所有频段。总之，在目前的装备体系中，"赏金猎人"系统兼具侦察、防护两大功能。

反卫星通信电子攻击功能（对敌卫星通信干扰功能）主要由 CCS 系列系统负责。CCS 系列系统的功能非常明确，即远征型、可部署、效能可逆的进攻性太空控制（OCS），以拒止任务区域内的敌方卫星通信。从这种描述来看，其主要功能是对敌卫星通信实施干扰（进攻性太空控制），且应该包括压制型干扰与欺骗型干扰两类。干扰对象则主要包括指控类卫星的通信、情报监视与侦察类卫星的通信等。具体来说，CCS 系列/"牧场"系统主要以通用的对敌卫星通信干扰功能为主（通用型干扰），而 CETIP 项目则主要以新兴威胁、应急响应型干扰功能为主（专用、应急型干扰）。从相关描述来看，其干扰频段应该覆盖了常用的卫星通信频段，以及 S、X 等新兴卫星通信频段。

反卫星通信指控功能（把相关系统功能打造成杀伤链的功能）主要由 OSC C2 项目负责。该项目主要开发指控和任务规划能力，以支持反太空系统的部署和运用，并把可部署的反太空系统与联合作战指控系统连接起来，实现一体化的反太空任务规划与执行。可见，该系统不仅要在美国太空军军种内打造进攻性太空控制（主要是反卫星通信）杀伤链，还致力于打造联合进攻性太空控制（主要是反卫星通信）杀伤链。而且可以预期，随着美国太空军未来部署越来越多元化的反太空能力（如定向能武器、动能武器、赛博攻击武器等），OSC C2 项目所能集成的功能也会越来越多。

5.2 熄灭"灯塔":卫星导航对抗

导航的作用就是引导飞机、舰船、车辆、人员等准确地沿着所选定的路线到达目的地。随着科学技术的发展,导航技术和设备不断更新,日臻完善。从远古时代的指南针、计里鼓,发展到后来的磁罗盘、陀螺、计程仪、天文六分仪,又发展到今天的无线电导航。

随着卫星运载平台及火箭发射技术的发展,无线电导航已跨入卫星无线电导航(以下简称"卫星导航")的新时代。卫星导航可在全球范围内全天候地提供精确的定位、导航与授时(PNT)功能,因此一出现就显示出无比的优越性,已成为现代文明社会不可缺少的时空工具。

卫星导航对抗则是应用电子战手段使导航功能降效或失效的行动。有效的卫星导航对抗将使战场上的作战平台、人员等迷失方位,甚至迷失时间,进而做出错误判断和决策。卫星导航对抗就相当于熄灭了航路上的灯塔,使航船迷失方向一样,对战场上迷惑敌人、夺取信息优势具有十分重要的意义。

5.2.1 太空"灯塔":卫星导航系统

卫星导航从某种意义上说就是将无线电导航台搬到卫星上,向地球连续发射承载有导航卫星实时位置与时间的信息。地球上任何一个用户(导航接收机)接收到导航卫星信号时,根据接收时间与卫星发射时间的差,自动计算并显示其自身所在位置的经纬度。

导航卫星的抗毁性远高于地面导航台,并且卫星导航设有保密的军用码(P/Y码、M码)和公开的民用码(C/A码),军用码的精度和抗干扰能力比民用码高。

目前最成熟、最典型的在轨卫星导航系统有美国的全球定位系统(GPS)、俄罗斯的"格洛纳斯"(GLONASS)系统、欧洲的"伽利略"(Galileo)系统、我国的"北斗"系统等。还有些国家尽管没有自己的全球卫星导航系统,但开发了一些基于其他系统的增强系统或覆盖区域有限的区域卫星导航系统,如日本的"准天顶"卫星导航系统、印度的区域导航卫星系统(IRNSS)。

1. GPS

GPS 是美国部署和控制的军民两用的卫星导航定位系统，可在全球范围内为陆地、海面、空中的各类用户提供精确的位置、速度、时间（PVT）信息，具有全天候、高精度的全球导航定位能力，特别是在军事领域内可为部队（包括单兵）提供实时定位数据，为车辆、飞机、舰艇等作战平台提供准确导航，以及为导弹等精确制导弹药进行精确引导，现已成为美军战场信息网络体系和先进武器系统不可或缺的重要组成部分。到目前为止，GPS 经过不断升级换代，已从 GPS Ⅰ、GPS Ⅱ、GPS ⅡF、GPS Ⅲ发展到 GPS ⅢF。

GPS 由太空部分（卫星）、用户部分（GPS 接收机）和美国本土的地面测控部分组成。太空部分包括 24 颗卫星和 4 颗备用卫星，全球任一地点的用户都能在任意时刻收到至少 4 颗卫星的信号。GPS 卫星如图 5.14 所示。

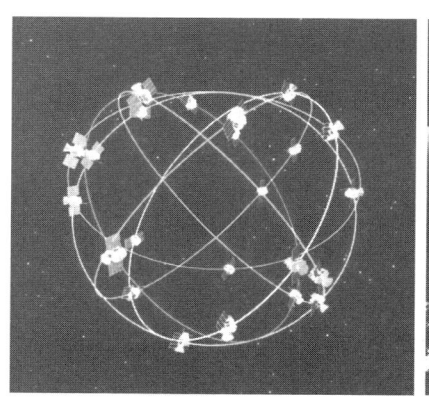

(a) GPS星座　　　　　　(b) GPS卫星照片

图 5.14　GPS 卫星

用户就是 GPS 接收机，由天线、接收部分、处理器和控制/显示设备等组成。GPS 接收机可以从看到的 4 颗以上导航卫星中选择最有利的 4 颗卫星的信号，经过处理和计算，得出用户所在的位置、速度和时间信息。洛克威尔·柯林斯公司的 M 码 GPS 接收机如图 5.15 所示。

位于美国本土的地面测控部分包括主控站、监测站和上行注入站。监测站对卫星进行连续监测，收集卫星测量数据并传送给主控站。主控站控制整个地面站工作，根据各监测站送来的测量数据编制卫星星历，计算各卫星原子钟钟差、电离层和对流层校正参数等。上行注入站在每颗卫星通过其上空（过顶）时，把修正的导航数据和主控站指令注入卫星。

图 5.15　GPS M 码接收机

2. "格洛纳斯"卫星导航系统

1976 年，苏联正式启动"格洛纳斯"导航卫星系统项目的研发，虽然中途发展坎坷，但最终还是完成了"格洛纳斯"现代化建设，实现了全球导航功能。"格洛纳斯"空间段现代化主要包括三个阶段：第一阶段，维持"格洛纳斯"卫星"最低需求水平"的轨道星座；第二阶段，开发"格洛纳斯"-M 卫星，基于"格洛纳斯"卫星和"格洛纳斯"-M 卫星实现 18 颗卫星的星座部署；第三阶段，开发"格洛纳斯"-K 卫星，基于"格洛纳斯"-M 卫星和"格洛纳斯"-K 卫星实现 24 颗卫星的星座部署。其信号从 1 个 L 频段开始向 3 个 L 频段扩展，调制样式从 FDMA 向 CDMA 扩展，信号功率也大幅提升，至此"格洛纳斯"卫星导航已可提供 5 个民用导航信号。

"格洛纳斯"由 3 个子系统组成：航天器子系统（空间段）、运控子系统（控制段）、用户导航设备子系统（用户段）。

"格洛纳斯"空间段功能包括导航保障，时间保障，运行管理、控制和弹道保障，由星载目标设备、星载控制设备、星载保障系统和机构件来完成。截至 2023 年 12 月 31 日，在轨正常运作的"格洛纳斯"卫星共有 24 颗，其中 3 颗为备份星，如图 5.16 所示。

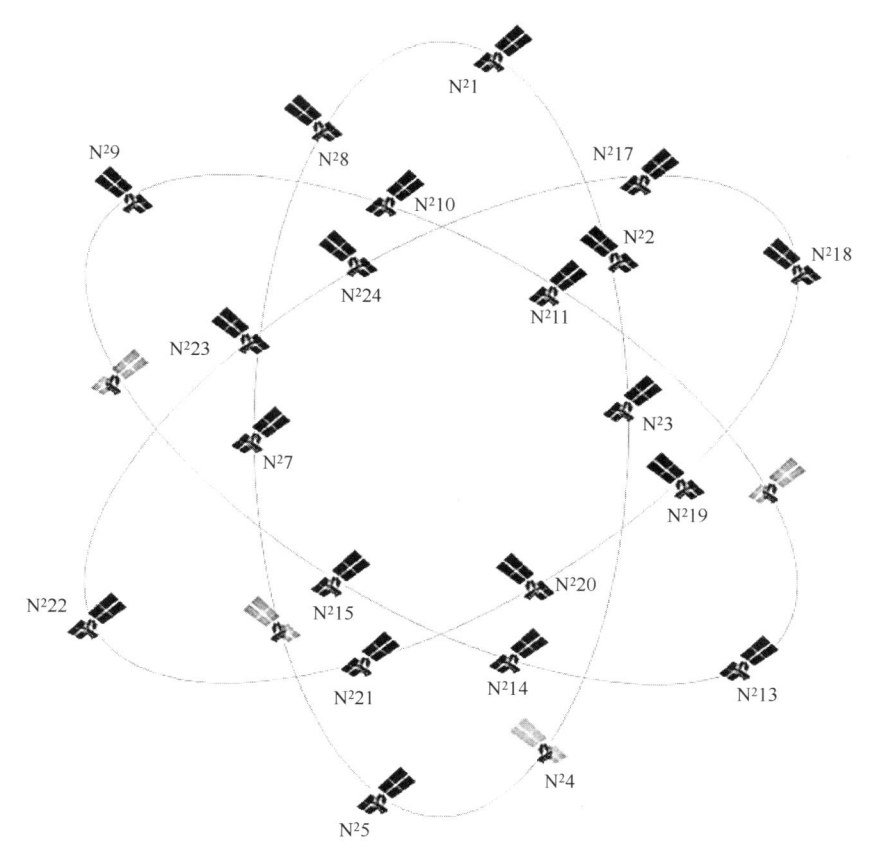

图5.16 "格洛纳斯"星座示意

"格洛纳斯"地面控制部分最初由1个系统控制中心、5个遥测遥控站（含激光跟踪站）和9个监测站组成，系统控制中心位于莫斯科，遥测遥控站分别位于圣彼得堡、叶尼塞斯克、共青城、萨雷沙甘（哈萨克斯坦）和捷尔诺波尔（乌克兰）。苏联解体后，乌克兰和哈萨克斯坦境内的控制站不再参与"格洛纳斯"的保障工作，所有任务均由俄罗斯境内的控制站承担。

3. "伽利略"系统

"伽利略"计划是欧空局（ESA）和欧盟共同开展的第一个民用全球卫星导航系统项目。该计划被视为美国GPS的潜在竞争对手。1999—2000年，在欧盟委员会与欧空局的领导下，欧洲从战略、经济、资金筹集、法规、用户需求和技术性能要求等方面对"伽利略"计划开展了一系列的研究。该计划的最终目标是建立一个独立的、性能优于 GPS 并与现有全球卫星导航系统（GPS 和"格洛纳斯"）兼容的民用全球卫星导航系统。

"伽利略"系统包括空间段、地面段、用户段三大部分。

完整的"伽利略"卫星星座由 30 颗卫星组成，其中包括 6 颗备份卫星，每颗卫星的间隔为 45°，相邻平面上的卫星相位差为 15°，如图 5.17 所示。这些卫星均匀分布在 3 个中高度地球轨道上。每个轨道平面上有 8 颗工作卫星和 1 颗备份卫星，某颗工作星失效后，备份星将迅速进入工作位置，替代其工作，而失效星将被转移到高于正常轨道 300km 的轨道上。在世界任何地方总有 4 颗卫星可见。

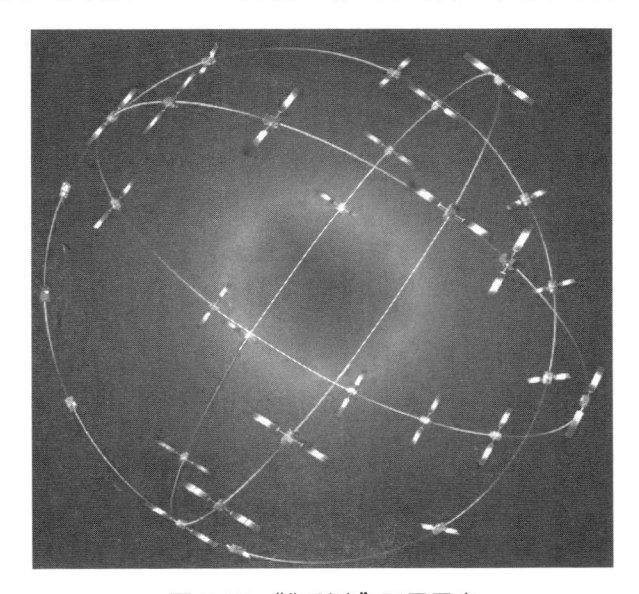

图 5.17 "伽利略"卫星星座

"伽利略"地面段目前包含了 2 个"伽利略"控制中心（GCC）、15 个"伽利略"传感器监测站（GSS）、5 个上行注入站、6 个跟踪测控站。控制中心又包含位于 Fucino 的"伽利略"地面任务段和位于上普法尔茨的"伽利略"地面控制段。

5.2.2 熄灭"灯塔"：卫星导航对抗

由于卫星导航系统对信息化作战中的指控和武器性能的发挥等能够产生巨大的影响，已成为现代战争中一种重要的信息基础设施。为此，世界各有关国家对卫星导航对抗的研究和实践也开始兴盛起来，最为典型的就是 GPS 对抗，已是通信电子战的一个新领域。目前，GPS 对抗的作战对象是战场信息网络体系（C^4ISR 系统）中的各种信息化武器装备（如作战飞机、无人机、巡航导弹、制导炸弹等）所使用的 GPS 用户接收机（即 GPS 终端），对抗的目的就是干扰甚至欺骗用户接收机，使其不能正常接收位置、时间信息或显示错误的位置、时间信息。

1. 卫星导航对抗设备

为阻止敌方在战场上利用卫星导航，美国、俄罗斯、英国等国都相继开发了卫星导航干扰技术。鉴于卫星导航系统的工作频率是公开的，目前对卫星导航系统进行对抗的技术体制有压制干扰、欺骗干扰和压制/欺骗综合型干扰，干扰对象都集中在用户接收机。

针对卫星导航的电子攻击主要包括干扰和欺骗两类，而干扰则包括有意干扰与无意干扰两类。其中，无意干扰指的是那些事实上阻止了卫星导航信号接收的无意信号辐射，可以是带内干扰，也可以是带外干扰；有意干扰指的是旨在拒止卫星导航接收机接收信号的有意信号辐射；欺骗（干扰）指的是旨在让卫星导航接收机报告错误位置或时间信息的欺骗性活动。

俄罗斯从 20 世纪 80 年代起就开展了 GPS 干扰技术的研究，已成功研制数代压制式、欺骗式 GPS 干扰机，这些干扰机曾多次在展览会上公开展出，其中压制式干扰机还在科索沃战场上得到运用。在俄乌冲突等局部冲突中，双方的 GPS 干扰设备更是大显神威。2024 年 4 月 28 日，据报道，美国为乌克兰开发的一种新型精确制导武器由于俄罗斯的 GPS 干扰而未能击中目标，此武器很有可能是波音公司研制的地面发射小口径炸弹（GLSDB）。此外，随着俄罗斯在乌克兰采用新的电子战手段，美国"神剑"GPS 制导武器系统的有效性在几个月内从 70% 下降到了 6%。

俄罗斯的"田野-21"（Pole-21）卫星导航干扰系统是典型的车载和固定站卫星导航对抗系统。该系统旨在保护战略设施免受敌方巡航导弹、智能炸弹和无人机的攻击，可以压制各种导航卫星信号，包括 GPS、"伽利略"和"北斗"。该系统由 R-340RP 电磁对抗设备组成，在固定站安装配置中，从而最大限度地扩大了覆盖范围，如图 5.18 所示。该系统不仅依赖桅杆的电源，还使用其 GSM 收发天线作为备用控制和数据传输信道，但缺点是电子对抗既影响敌方使用 GPS 无线电导航系统，也影响俄罗斯国内用户使用 GPS 及"格洛纳斯"。

图 5.18 "田野-21"系统

俄罗斯的"居民"R-330Zh 自动干扰站也具备包括 GPS 干扰在内的多种电子对抗能力。该系统用于干扰时频率为 1227.6MHz、1575.42MHz、1500～1900MHz，这三个频段分别严格对应于 GPS L2 信号（P/M 码）、GPS L1 信号、GSM 信号，针对性非常强。俄乌冲突之前，该电子战系统已在顿涅茨克实现了部署，如图 5.19 所示。

图 5.19 "居民"系统部署在顿涅茨克

此外，俄罗斯 REX-1 无人机导航干扰枪是典型的便携式卫星导航对抗系统。该系统由卡拉什尼科夫子公司 Zala 航天集团开发，是一种电子干扰枪，可以保护部队免受无人机的攻击。该电子干扰枪可压制无人机信号，具体地说，该电子干扰枪可以阻塞半径 2km 内的 GPS 信号。该电子干扰枪重 4.2kg，由准直瞄准器、可互换的 GPS 干扰模块、"格洛纳斯"导航系统组成，如图 5.20 所示。

图 5.20 REX-1 无人机导航干扰枪

2．导航对抗的典型实例

世界上第一次导航对抗发生在第二次世界大战中。1940 年，为了轰炸英国，德国人在法国北部建立了一系列无线电台，这些电台的发射波束指向伦敦上空。德国飞机上装备的环形天线，能依靠任何一个波束来引导飞机到达伦敦上空。这就是一种称为"洛伦兹"的导航辅助系统。经过大量研究，英国人采用一种叫"米糠"的模拟干扰系统进行对抗。结果，德国轰炸机从"洛伦兹"和"米糠"两处都接收到信号，从而使导航波束变形。当时，这个对抗措施非常有效，使德国飞行员多次弄错了方向，甚至于着陆到英国空军基地上。当发觉"洛伦兹"遭到有效对抗时，德国人换用了名为"涅克宾"的新系统，即在法国海岸设置两部互相联系的发射机，一部发射"●"（点）信号，另一部发射"-"（画）信号。这两个发射的波束保持平行，当飞机在两个波束之间的航线上飞行时，或者只接收到"点"信号，或者只接收到"画"信号。英国人利用欺骗措施来对抗这个系统，最终德国人被搞得不辨真假，在以后的两个月内，德国飞机只有很少几枚炸弹投到指定的英国目标上。

在 1999 年的科索沃战争中，俄罗斯有关方面就试验过 GPS 干扰机，证明是有效的。战场上的 GPS 干扰，在 2003 年的伊拉克战争中开始崭露头角。例如，美军在 2003 年 3 月 21 日至 25 日发动的震慑行动，其任务为轰炸巴格达南部和东部的政府机构和要人住所、共和国卫队阵地，以及伊拉克北方城市基尔库克和摩苏尔的重要目标。在这期间，美军发射了大量"战斧"巡航导弹，出动战机数千架次，投下炸弹数千枚。伊军利用俄制 GPS 干扰机对美国 GPS 卫星定位信号进行干扰，使美军十几枚"战斧"巡航导弹因受干扰而偏离预定航向，掉到土耳其、叙利亚和伊朗境内。这些干扰引起了美国的重视，时任国务卿的鲍威尔亲自出面调查伊拉克 GPS 干扰机的来源，对俄罗斯等国施加了不少压力。据称在 3 月 25 日的空袭中，美军炸毁了 6 台 GPS 干扰机。

2024 年 3 月，据报道，一架英国皇家空军飞机的卫星导航信号遭到了干扰，当时机上载有正从波兰回国的英国国防大臣格兰特·沙普斯。据称，当这架飞机飞近波罗的海沿岸的俄罗斯领土加里宁格勒时，其 GPS 卫星信号受到约 30 分钟干扰。当时，手机无法再连接至互联网，这架飞机被迫使用替代方法确定自身位置。

5.3　剪断"风筝"：测控对抗

遥测遥控（以下简称"测控"）是保证无人值守装置（如卫星、飞船、导弹、无人机、无人侦察船、无人侦察站等）正常工作必需的手段。"遥测"就是被控无人值守装置将本身的参数（航向、位置、速度、工作状态等）传送至测控中心，从而在测控中心实现远距离测量无人值守装置参数的目的。"遥控"就是测控站对无人值守装置进行远距离的运行控制。

就好比放风筝，有线的时候可以通过拉线使风筝做各种动作，然而，一旦风筝线被掐断或者脱手，那风筝就随风而去，再也无法追回了。无人值守装置也像风筝一样，一旦其无线测控信号受到测控对抗的干扰压制，就无法正常工作。特别像无人机，短时间的失控，也会造成飞机坠地，设备损毁。因此，测控对抗具有极高的军事应用价值。

5.3.1 测控系统的发展和组成

测控技术是自动化技术的重要分支，是在自动控制、传感技术、微电子技术、计算机技术和现代通信技术的基础上不断完善和发展起来的。凡是距离遥远、对象分散或难以接近的装置，都可以采用测控来实现集中监控和统一管理。测控系统就是利用测控技术实现远距离测量、控制和监视布设于高山上的通信中继或电视转发设备、无人机、人造地球卫星等无人值守装置的电子信息装备，在军事领域应用广泛。在测控系统中，遥测参数的测量装置和遥控指令的执行机构都设置在无人值守装置中，其参数测量值通过遥测信道发向测控中心，而测控中心的控制指令则通过遥控信道发向无人值守装置的执行机构。

1．测控系统的发展

最早的测控系统利用机械组合的方式，如利用齿轮系统等机械传动方式测量转速，测控范围只有几米。后来采用流体耦合方式（液压或气动），测控范围扩大到几百米。伺服机构发明后，人们借助伺服机构来进行遥测和遥控。

19 世纪末出现有线测控系统，利用架空明线或电缆作为测控信号的传输介质。

20 世纪初出现无线测控系统，到第二次世界大战期间，军事需求使无线测控得到迅速的发展。

第一颗人造地球卫星升空以后，无线测控随着航天技术的发展进一步得到迅速发展。

20 世纪 70 年代后，随着微电子和微处理机的迅速发展，数字式测控系统逐渐取代模拟式测控系统，而后，出现了可编程测控系统、自适应测控系统和分集式测控系统等。

2．测控系统的组成

测控系统的组成原理如图 5.21 所示，它由测量和控制端（遥测遥控中心）、信道（含遥测信道、遥控信道）及被测与被控端（无人值守装置）三部分组成。测控中心将接收到的遥测数据送入计算机进行处理；处理后的数据在计算机指令发生器中产生各种遥控指令，并通过发射机发射出去；无人值守装置对收到的遥控指令信号进行变换，变成执行指令，并通过执行器控制无人值守装置的运行。

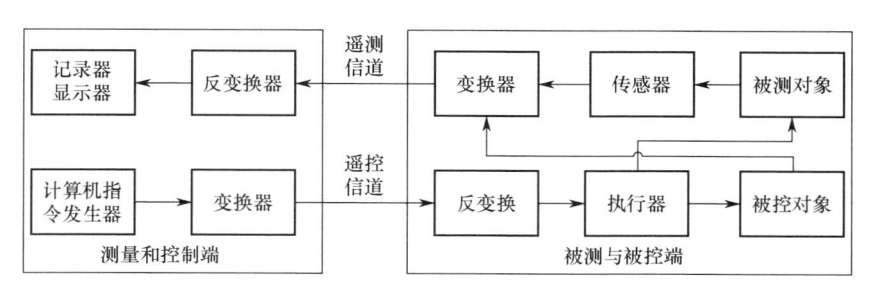

图 5.21 测控系统的组成原理

5.3.2 测控对抗的军事价值

在未来战争中，如果能破坏各种用于军事目的的测控系统，就可以实现以下目标：满载火药的无人平台不能向指定目标进发；各种无人值守的通信中继系统不能完成转发任务；预先部署的电子干扰设备因不能按时或正常开机而无法发挥作用；无人机不能按预定航线飞行甚至坠毁；导弹或火箭弹击不中目标；卫星偏离运行轨道或改变工作状态而不能完成预定任务。

对那些采用无线测控的信息装备实施电子战是可行的。在一定意义上，对抗原理与对抗实施过程大体上与通信对抗和雷达对抗相同。测控对抗原理如图 5.22 所示。

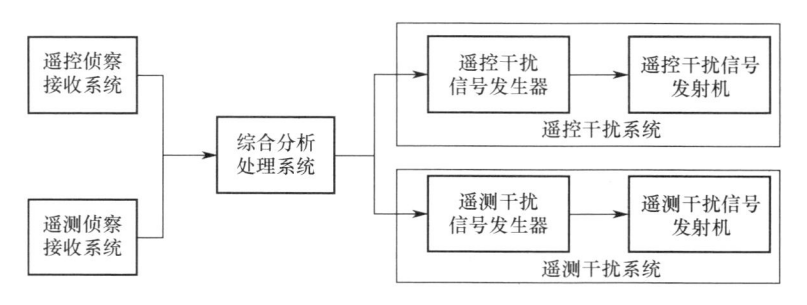

图 5.22 测控对抗原理

测控对抗的实质是通过遥测/遥控侦察接收系统侦收敌方无人值守装置/测控中心辐射的无线电遥测和遥控信号，进行综合分析处理，找到最佳干扰样式，由遥测/遥控干扰系统发出干扰（包括压制干扰和欺骗干扰等），扰乱测控中心和无人值守装置的接收端，从而达到破坏测控系统工作的目的。

5.3.3 典型的测控对抗系统

测控系统是确保无人值守装置正常运作的关键,而在现代战争中,各类无人作战系统(包括无人机、无人水面艇、无人车)及弹道导弹系统构成的威胁较大,因此测控对抗系统所针对的目标也主要集中在无人作战系统和导弹系统。同时,现代无人作战系统,尤其是无人机系统,其通信系统通常集成了测控功能,因此干扰无人机的通信系统往往也会使其丧失测控能力。

美国 RC-135S"眼镜蛇球"侦察飞机的任务主要是搜集对手弹道导弹的信号特征、遥测数据及通信情报,以便为导弹防御概念及体系建设提供情报支撑。RC-135S"眼镜蛇球"右侧外部装有 3 个偶极子天线,左侧装有 1 个偶极子天线,与飞机底部的测向天线一起搜集导弹的遥测数据。2022 年 4 月,美国空军就派出 2 架 RC-135S"眼镜蛇球"侦察飞机从阿拉斯加的艾尔森空军基地起飞,呈编队飞往俄罗斯东海岸,对俄罗斯新型 RS-28"萨尔马特"洲际弹道导弹的首次全面试射进行监视,并收集导弹的测试数据。

白俄罗斯研制的 Groza-S 电子战系统是一种可对无人机上下行链路进行侦察、测向、干扰的综合系统,其主要包括天线接收模块、自动化操作站、针对无人机和地面控制站(GCP)接收系统及无人机卫星导航系统的干扰及欺骗模块。Groza-S 系统支持快速组装和拆解,可安装于福特 Transit 或 MZKT-V1 型车辆上。Groza-S 系统的侦察及干扰频段为 100MHz~6GHz,对无人机地面站控制信号的侦察距离可达 10km,对无人机接收机(接收地面站控制信号)的干扰距离可达 30km,对地面站接收机(接收无人机发送的数据和遥测信号)的干扰距离为 10km。Groza-S 系统工作示意如图 5.23 所示。

"驱虫剂"(Repellent)是由俄罗斯电子战科技中心(STC-EW)设计局研制的一种机动式反无人机系统,该系统可通过大功率干扰或直接干扰卫星导航系统的办法压制敌方无人机。"驱虫剂"系统集成于重型汽车底盘上,车身中部和后部分别部署 1 套可折叠天线,展开后可在 200~6000MHz 的工作频段实施全方位无线电信号侦收、测向、电子压制。其中,侦察定位分系统能够全方位快速扫描测向,可精确定位 10km 内的地面指控站、30km 内的无人机。电子对抗分系统对指控、通信、感知三类信道的压制功率分别为 1000W、500W、1000W，可定向压制 10km 内的地面指控站和 30km 内的无人机。天线处于折叠状态的"驱虫剂"反无人机电子战系统如图 5.24 所示。

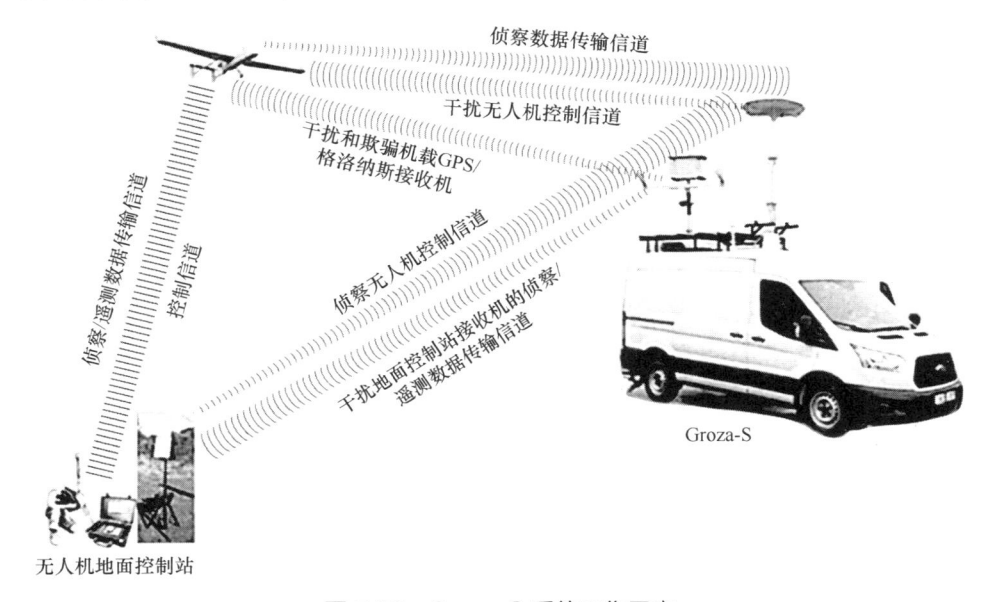

图 5.23　Groza-S 系统工作示意

图 5.24　天线处于折叠状态的"驱虫剂"反无人机电子战系统

5.4 斩断"筋脉": 数据链对抗

数据链是一种在通信网中依据统一的通信协议和信息格式、使用通信设备传输和交换数据信息的通信链路,具有传输速率高、反侦察/抗干扰和保密能力强的特点,是战场上各种信息装备的传感器、指控系统与武器平台综合一体化建设和数字集成的基础,为实现战场信息共享、缩短决策指挥时间、对敌实时精确打击提供保障。例如,美军的数据链通信是战场信息网络体系的主要通信传输方式和基础设施。借助数据链可以进行战场各作战单元的无缝链接,引导武器发射,实现多平台火力协同,建立从传感器到武器发射、从指挥官到普通士兵及作战平台之间的联系。因此,数据链已成为战场信息网络体系赖以生存和发挥效能的关键。

不过,数据链同时也是战场信息网络体系中最易暴露的薄弱环节之一。例如,对数据链传输的信息进行截获,采取发送假信息进行欺骗或占用、堵塞对方通信信道等手段,扰乱、攻击、破坏敌方指控及情报信息的有效收集、获取和传输,就能将统一的作战装备体系割裂为互不连通的独立单元,达到降低其联合作战能力的目的。由此可见,只要对数据链实施有效对抗,就可阻碍战场信息网络体系内的信息传输、分发,甚至使整个通信网遭受破击而瘫痪,就像掐断"筋脉"的人要瘫痪一样。因此,针对数据链的对抗是未来信息化战争中夺取信息优势、掌控制胜权的关键要素之一。

5.4.1 敞开数据链家族大门

数据链实际上是指在各作战单元之间采用一种固定格式方法,具有独特传输特征、协议和标准结构,可近实时地交换战术数据的通信系统。数据链的广泛应用为信息化战场带来了极为深远的影响和意义,是战术思想和军事理论变革的催化剂。多数据链的典型联合作战应用示意如图 5.25 所示。飞机、坦克、士兵等各作战单元由于实时共享战场信息,因而可实现珠联璧合的联合作战效果。

近年来,数据链在信息化战争中得到了广泛的应用。例如,在伊拉克战争中,美军的大部分 F-15 战斗机和 F-16 战斗机都加装了 Link 16 数据链终端,形成了空中侦察、太空侦察和地面指控中心的网络化指挥。数据链使发现目标到摧毁目标的时间,从数小时缩短到数分钟,基本做到了发现即摧毁。据统计,在 F-15 战斗机加装了数据链以后,白天作战效能是原来的 2.62 倍,夜间作战效能也提高到原来的 2.6 倍。这意味着加装了数据链后的一架飞机,比原来 2 架飞机的作战效果还好。

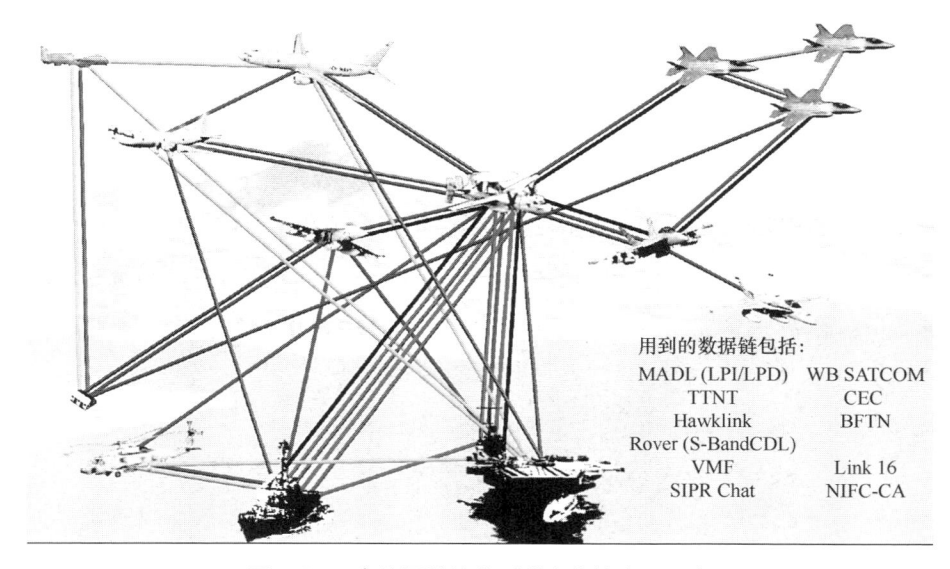

用到的数据链包括:
MADL (LPI/LPD)　　WB SATCOM
TTNT　　　　　　　CEC
Hawklink　　　　　BFTN
Rover (S-BandCDL)
VMF　　　　　　　Link 16
SIPR Chat　　　　　NIFC-CA

图 5.25　多数据链的典型联合作战应用示意

美国从 20 世纪 50 年代开始进行数据链的研究。由于美军作战理念、作战模式的不断演进和作战任务的不同,美军已研发并装备多种数据链,形成了相对完善的数据链体系。

按照不同的分类标准,美军数据链可以划分为不同的类别。通常的分类标准一般有两种:按使用功能,通常可分为战术数据链(信息分发与指控)、情报数据链(情报监视与侦察)、协同数据链(主要是武器协同)等类别;按照技术能力,可分为窄带数据链(亦称战术数据链,如 Link 系列)、宽带数据链[如通用数据链(CDL)系列]、网络化数据链[如战术目标瞄准组网技术(TTNT)数据链]等类别。

1. 数据链与数字通信(系统)的区别与联系

数据链/数据链终端与数字通信/数字通信系统(如数字化电台)有着很密切的联系,但二者之间的差别也非常明显:①使用目的不同,数据链面向作战体系(指控、态势感知、武器协同等），而数字通信则面向数据传输（数字通信技术是数据链的技术基础）；②使用方式不同，数据链直接实现"机器到机器"连接，而数字通信则通常需要"人与机器"交互；③信息传输要求不同，数据链具备数据整合、处理、信息提取等能力，而数字通信则通常为"透明传输"（即对数据信息内容不作识别和处理）；④与作战需求关联度不同，数据链面向作战任务专门定制数据类型、消息格式等，而数字通信通常不依赖具体作战任务。

总的来说，数据链是针对性地完成作战时的实时信息交换任务，数字通信则旨在解决信息传输的普遍性问题。换言之，美军数据链的主要意义在于作为指控体系的指控和通信手段，同时运用数据处理等系统功能，以确保作战部队和作战指挥中心能实施有效的指控，如图5.26所示。对于数据链与数字通信之间的差别，通常会采用一个形象的比喻，即"数据链相当于铁路，数字通信相当于公路"。

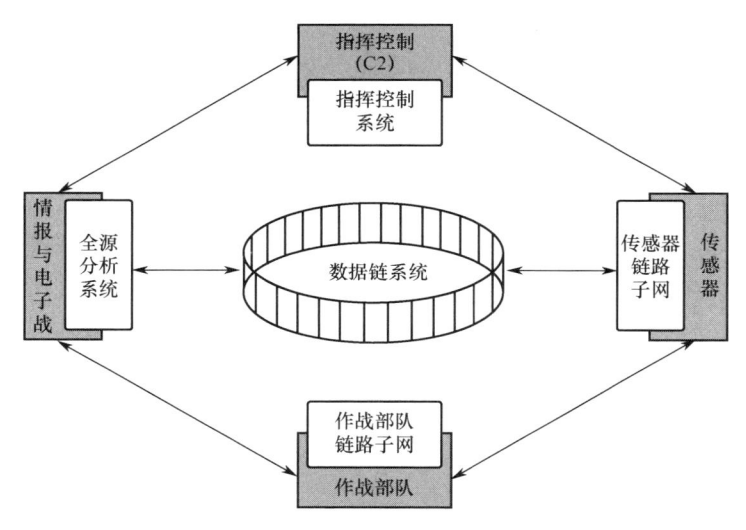

图 5.26　数据链在指控体系中的作用

2．传统的战术数据链

传统的战术数据链又称为战术数字信息链路（TADIL），主要是指美军和北约目前装备使用的 Link 1、Link 4/4A、Link 11/11B、Link 14、Link 16、Link 22（TADIL-A/B/C/J 等）、陆军战术数据链-1（ATDL-1）等。Link 11 和 Link 16 是目前应用最广泛的两种战术数据链。

Link 11 数据链是一种自动、高速、计算机对计算机的通信系统，可在海上舰艇、飞机和岸上设备之间进行敌情报告等战术数据的交换。此外，它还可用于协调作战区域内各个平台的作战行动。

Link 16 数据链是一种先进的通信、导航与识别系统。其核心设备（终端）之一就是三军联合战术信息分发系统（简称 JTIDS），是专门为美军联合作战而设计的集通信、导航和指控于一体的战术数据链，可将侦察机、舰艇、作战飞机、地面部队和指控系统等有机地集成，完成实时战术数据的采集、传输、处理和飞机控制、武器制导等功能，不但可实现战场信息共享、探测距离延伸和战场态势实时监视，还可有效地提高部队协同作战能力和战场生存能力，具有快速、机动、无线、多用户等特点，已成为美军用于战术指挥、控制、通信和情报的重要装备。

3．通用数据链

通用数据链是一系列具有很强互操作能力的战术数据链，主要用于支持战场上情报、监视与侦察传感器及其运载平台同地面指控与接收终端之间的无缝通信联络，也是美军各军种现在正在加紧研制开发的重点信息化装备。

通用数据链实际上是一个全双工、抗干扰、扩展频谱的数字微波通信系统，能为武装部队和政府机构提供多个情报、监视与侦察系统之间的通信，也可用于无人飞行平台或有人侦察飞机与地面控制站间的情报信息和指控信息传递。

通用数据链主要包括战术通用数据链（TCDL）、高整合数据链（TCDL-HIDL）、微型/小型无人机用数据链、战术情报广播业务系统（TIBS）和战术数据分发系统（TDDS）等。

图 5.27 为通用数据链的作战应用场景示意。在这一作战应用场景中，高空无人侦察飞机与地面站之间、空中平台（包括有人机和无人机）与地面站之间、卫星与地面站之间等，都使用通用数据链作为其主干信息传输链路。

4．新型专用数据链

根据特殊用途和作战平台，美国开发了一些专用数据链，主要包括防空导弹系统专用数据链，如"爱国者"数字信息链（PADIL）、导弹数据链（MBDL）、地基数据链（GBDL）、连际数据链（IBDL）、点对点数据链（PPDL）、精确制导武

器系统专用数据链、增强型定位报告系统（EPLRS）、态势感知数据链（SADL）、自动目标移交系统（ATHS）等。

图 5.27　通用数据链的作战应用场景示意

随着以网络为中心的技术的发展，美国不断致力于开发基于 IP 技术的新型数据链，用于传送 IP 分组信息，如 E-8 JSTARS 专用监视与控制数据链（SCDL）、战术瞄准网络技术（TTNT）数据链等。

此外，各军种根据自身应用及未来网络中心战的特点，重点发展了多平台通用数据链（MP-CDL）、多任务通用数据链（MR-CDL）、多功能先进数据链（MADL）、改进型数据调制解调器（IDM）和正在开发中的卫星数据链（SDL）等。

5.4.2　身负重任的数据链通信对抗

数据链对抗是伴随着现代数据链通信发展起来的一种电子对抗形式，它的主要任务是对敌方数据链通信信号进行侦听、截获、监视、测向定位和识别，进而采取通信干扰手段，达到阻止、破坏或削弱敌方数据链通信系统的正常运作，同时确保已方通信联络畅通的目的。

数据链通信对抗可起到多方面重要作用，包括：通过干扰或欺骗敌方通用数据链或具备态势感知能力的数据链，可以削弱敌方情报监视与侦察效能，进而破坏敌方态势感知；通过干扰或欺骗敌方指控类数据链，可以削弱敌方指令传输能力，进而破坏敌方指控与决策；通过干扰或欺骗敌方武器控制类数据链，可以削弱敌方信火协同能力，进而破坏敌方作战效能；最后，上述手段综合起来，可以破坏敌方杀伤链/杀伤网闭环。

5.5 混淆"敌我"：敌我识别对抗

众所周知，敌我识别（IFF）历来是战争中首先需要解决的问题，也是现代战争各军兵种实现协同作战至关重要的先决条件和前提。无论是"认敌为友"，还是"认友为敌"，都将给自己造成巨大的损失，甚至影响战争的结局。但是，实战是无情的。尽管各国为防止自相残杀做了种种努力，然而敌我混淆仍然是现代战争中常见的问题。即使在各军兵种作战武器飞速发展的今天，因敌我识别错误而发生的事故仍屡见不鲜。这一方面是由于敌我识别技术的发展没有止境，不可能做到十全十美，致使敌我识别系统本身存在一些缺点；另一方面，也正好为敌我识别对抗技术和装备的发展提供了可乘之机。

敌我识别对抗是使敌方混淆敌我身份，甚至导致自相残杀的一种作战手段。它一方面可通过向敌方的敌我识别系统施放干扰，使其"视力"模糊，"看"不清敌我；另一方面，可通过向敌我识别系统发送相关的应答信号，欺骗对方，使其"认敌为友"，以掩护己方的作战平台安全无恙地执行作战任务。

5.5.1 战争的首要问题——分清敌我

战场情况瞬息万变，要求作战人员在极短的时间内做出最准确的判断非常困难，没有分辨和识别的自动化数据处理和显示，再高明的人员也会被战时大量数据的海洋所淹没，从而导致灾难性的后果。因此，敌我识别技术是现代信息化战场上自动、快速、准确、可靠地识别目标的重要手段，可大大增强作战指控的准确性和各作战单位间的协调性，显著地加快反应速度，降低误伤概率，特别适合多兵种联合作战使用。随着现代战争中武器打击精度的空前提高和破坏威力的不断增强，各国军方越来越重视敌我识别技战术和设备的发展。

1. 敌我识别的种种方法

在历代战争中,军事家们都特别重视敌我识别问题。为了防止误伤事故,他们绞尽脑汁,利用战旗、队形、头盔、战袍上的图案、饰物,甚至毛巾、口令等办法来识别敌我。

例如,我国古代兵书《尉缭子兵法》中的《经卒令》篇,记载了大兵团作战识别敌我的方法:左、中、右三军以不同颜色的旗帜和帽檐上不同颜色的羽毛加以区分,各军的纵队之间以不同颜色的饰章加以区别,各纵队的列与列之间以把饰章佩戴在身体的不同部位加以区分。再如,汉代的"赤眉军"把眉毛染成红色;东汉末年的"黄巾军"头上裹着黄色头巾;元朝后期的"红巾军"以红巾、红袄、红旗为标记,等等,都是为了区分敌我。在令人印象深刻的南昌起义中,革命者脖子上系着鲜红的飘带,左臂上系着雪白的毛巾。

这些简单的方法解决了白天通过"目视"来识别敌我。为了在夜间也能分辨,人们发明了"耳听"声音识别法,如最常用的"口令"。敌我识别就是对口令,口令回答正确的就是自己人。

随着飞机、坦克等攻击性武器和雷达系统逐渐在现代战争中唱主角,战场上如何分清敌我就成了一个远非"目视""耳听"所能解决的复杂问题。因此,随着信息化武器的不断出现,导致战争进程加快,敌我双方常常是高技术兵器的远程厮杀,作战形态常常是非接触,于是出现了运用无线电技术的敌我识别系统,即用"电子口令"来实现远距离敌我识别。

2. 敌我识别的问题突出

1973年,在中东战争开始的头几天,埃及防空部队击落了89架以色列飞机,与此同时却打中了69架己方的飞机。这主要是因为阿拉伯国家没有统一的敌我识别系统,各国的敌我识别系统不能协同工作,分不清敌我飞机。

1982年,在英国和阿根廷的马岛战争中,英国"谢菲尔德"号导弹驱逐舰由于错误地将阿根廷"飞鱼"导弹识别成己方目标,未加防范,结果被阿根廷导弹击中而沉没,造成巨大损失。另外,英国一架"小羚羊"直升机也因敌我识别错误而被自己的歼击机击落。

在举世瞩目的海湾战争中,以美国为首的多国部队非常担心其敌我识别系统出问题。为了防止发生误伤，曾做了种种规定。在战斗力量对比一边倒的情况下，尽管有这些规定，多国部队仍然因敌我识别错误付出了相当大的代价。在战争初期，美军发生了 28 次误伤事故，死亡 35 人，占当时美军死亡总数的 25%；而在被击毁的 35 辆装甲战斗车中，有 27 辆是被自己人击毁的。英军在战争中死亡 17 人，有 9 人是被美军 A-10A "勇士" 装甲运输车近距离扫射击毙的。

可见，敌我识别是交战双方需要解决的首要问题。相反，若使敌人混淆敌我，就可不费一兵一卒，使其自相残杀，从而使我方坐收渔人之利。

5.5.2 敌我识别设备的发展

从工作原理上，敌我识别设备分为协同式敌我识别系统和非协同式敌我识别系统两种。

1. 传统协同式敌我识别系统

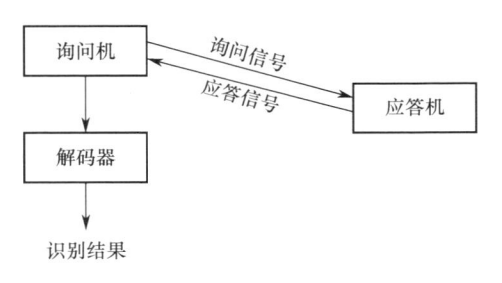

目前，各国装备的基本上都是传统的协同式敌我识别系统。协同式敌我识别系统工作原理如图 5.28 所示。它由询问机和应答机构成。询问机发射一组询问信号，应答机收到后即进行相应的处理，并按一定的编码格式发射应答信号。询问机经接收、处理后确定目标的敌我属性。

图 5.28 协同式敌我识别系统工作原理

下面以目前最简单的美军 "马克-10"（Mark-X）敌我识别系统为例加以说明。它的询问机发射的询问信号有三类，其对应的应答信号也有三类。当询问机发出第一类信号时，应答机以第一类信号应答；当询问机发出第二类信号时，应答机以第二类信号应答；当询问机发出第三类信号时，应答机以第三类信号应答。当询问机接收到正确的应答信号时，就判定所询问的目标为友方。

为适应高技术战争的需要，敌我识别系统的询问机和应答机的组成结构日益先进，信号编码也日趋复杂，且采用密码方式，如美国和北约各国目前采用的"马克-12"（Mark-XII）敌我识别系统。图 5.29 所示为"马克-12"敌我识别系统的询问机和应答机，其已从固定编码改为随机加密编码。

图 5.29 "马克-12"敌我识别系统的询问机和应答机

2. 新型协同式敌我识别系统

传统协同式敌我识别系统的工作过程简单，识别速度快、准确性高、设备体积小、易于装备和更换。但是，多次实战结果表明，这种敌我识别系统存在许多问题，特别是抗干扰性能差，不能适应现代战争的需要。美国等针对传统协同式敌我识别系统存在的问题，着手重点发展三种新型的敌我识别装备，即适用于陆战场的毫米波敌我识别系统，适用于未来数字化战场的单兵敌我识别系统及抗干扰能力更强的非协同式敌我识别系统。

1）毫米波敌我识别系统

毫米波敌我识别系统是由美国、法国、德国和英国吸取海湾战争战场的误伤事件中有 85%是美军 M1A1 主战坦克缺乏先进的敌我识别系统所引起的教训，于 20 世纪 90 年代初开始提出并研制的一种坦克用敌我识别系统。该系统的优点是：毫米波束可以做得很窄，具有较好的隐蔽性，不易被敌方截获，也有利于在大量密集的作战武器群（如坦克群）中对特定目标进行敌我识别。另外，毫米波束对烟尘、雾、雨雪等的障碍穿透能力强，适用于陆军主战坦克的作战环境。

由于该系统工作频率高，可在很短的时间内完成加密的询问和应答过程（1s 左右），可减小被敌方截获和利用的可能性。目前，美国研制的毫米波敌我识别系统称为战场战斗识别系统（BCIS），采用的是 K 频段（38GHz）毫米波询问–应答的方案。法国的敌我识别系统称为战场敌我识别系统（BIFF），采用的方案与美国的近似，但波形不同。英国的敌我识别系统称为"毫米波目标识别隐蔽发射机"（M-TIC E），采用的是毫米波信标识别方案；德国的敌我识别系统称为目标敌我识别系统（ZEFF），采用的是激光询问、L 频段应答的方案。这几种先进的敌我识别系统已在 21 世纪初陆续装备部队。

2）单兵敌我识别系统

单兵敌我识别系统是美军从 20 世纪 90 年代中期开始研制的一种单兵–单兵之间、单兵–坦克之间、单兵–直升机之间的敌我识别设备，以满足在数字化战场中，单兵与多种作战平台协同作战时对敌我识别的需求，充分提高未来数字化士兵的作战效能。

目前，美军发展的单兵敌我识别系统主要有徒步士兵作战识别系统（CIDDS），供未装备"陆地勇士"数字化士兵系统的士兵使用；"陆地勇士"作战识别系统（LW-CID），主要装备美军 21 世纪数字化部队的士兵；直升机与徒步士兵间识别系统（HDSID），通过对"单信道地面与机载无线电系统"（SINCGARS）中的 SIP 地空电台改进，可对装备同一种电台的士兵进行属性识别。

3．非协同式敌我识别系统

非协同式敌我识别系统无须接收对方目标的应答信号，而是通过侦收目标的辐射/反射信号来分析目标的一些固有特征，如目标本身的电磁辐射和反射信号、红外辐射信号、声音信号、光信号及其他信息等，最终完成对目标的敌我识别。

非协同式敌我识别系统的优点是：这种识别方式无须协同工作，可单独配套，独立性强，不仅可识别敌方，还可识别友方或中立方，作用范围大，可以同时对多个目标进行识别，识别结果可在各作战平台之间共享。但是，采用这种识别方式时，从发现目标到采集信息、分析判断需要做大量的计算，即使运算速度足够快，也需要较长的运算时间，系统结构非常复杂，各种干扰和不确定因素很多。另外，数据融合的处理方法目前还不够完善，这都可能导致非协同式敌我识别系统工作的可靠性难以保证，因此，它离实际应用尚有距离。

5.5.3 对症下药的敌我识别对抗

因为协同式敌我识别系统是现役的主要装备，所以也是敌我识别对抗的主要作战对象。

针对协同式敌我识别系统存在的缺陷，敌我识别对抗可采用干扰手段破坏其询问信号或应答信号，使安装敌我识别系统的飞机、舰船、导弹等作战平台在关键时刻无法正确识别"敌""我""友"，可为保护己方重点目标和战时顺利突防、取得战斗胜利创造条件。

1．敌我识别对抗方法

1）压制式干扰

因目前敌我识别系统的工作频段是公开的，尽管询问机和应答机的工作频率不相同又常变化，但采用宽带压制式干扰可减少侦察和瞄准询问及应答频率的麻烦。根据敌我识别系统工作频段在 L 频段的分配区间，压制式干扰一般采用噪声调制的宽带拦阻干扰方式。

2）欺骗式干扰

敌我识别的欺骗式干扰的原理是：当敌我识别对抗设备侦察接收机搜索截获到敌方的询问信号或应答信号时，经识别、分析和处理后存入威胁数据库；当需要干扰时，则从数据库取出并发射与询问或应答信号相关的欺骗信号，使应答机或询问机认"敌"为"友"，达到欺骗的目的。这与通信电子战中转发式欺骗干扰完全类似。

2．敌我识别对抗装备

敌我识别系统是一种特殊的电子装备。它相当于一种二次雷达，采用脉冲信号，峰值功率高，具有雷达的特点；但同时它又是协同工作，采用加密编码，具有保密通信的特点，只是收、发频率不一致。因此，对敌我识别系统的对抗比对一般的雷达对抗和通信对抗更困难。据说，在历次战争中，还没有对敌我识别系统干扰成功的战例。

由于敌我识别系统是一种十分保密的装备，对它的对抗更属高度机密。美军装备了多种先进的敌我识别干扰设备。为了加快敌我识别对抗技术的发展，美国及其北约盟国仍在进行不断改进和更新敌我识别对抗设备。

AN/ALQ-108敌我识别干扰吊舱由美国马格纳沃克斯电子系统公司研制，是一种欺骗式干扰吊舱，主要用在反潜飞机和电子情报侦察飞机上。目前，美军的E-2C"鹰眼"预警机、EP-3E"白羊座"信号情报侦察飞机等都安装了该吊舱。

5.6 防患未然：引信对抗

在炮弹、火箭弹、地空导弹、空地导弹、空空导弹、反舰导弹等各种爆炸武器（简称"炸弹"）的战斗部内都装有烈性炸药，但这些炸药不会自动爆炸，也不会受到冲击就爆炸，必须通过引爆装置——引信点火后才能引爆。因此，没有引信或引信失效，都会使这些炸弹"瞎火"。引信的种类很多，各种炸弹的引信也不相同，即使同一类炸弹，用途不同，引信也不尽一样。

5.6.1 炸弹的开关：无线电引信

按照引信控制炸弹战斗部起爆的方式，引信可分为触发引信和非触发引信两种。触发引信也称"着发引信"，是指那些靠炸弹与被炸目标接触而起爆的引信。非触发引信也称"近炸引信"或"无线电引信"，其采用无线电信号引爆方式：炸弹在发射飞行时，其引信设备不断发出探测信号，当目标对探测信号的反射被引信接收机接收并经处理后，就像长了眼睛一样，可精确控制引爆时间，以实现对目标的杀伤力最大。

图5.30是无线电（近炸）引信装置的组成示意。其中，目标探测器不断发出探测信号，根据目标对探测信号的反射，获取目标特征信息；信号处理器将目标特征信息进行处理，尽量滤除地物和人为干扰，提取被炸目标与炸弹之间的相对位置信息；启动指令发生器将信号处理器送来的目标信息及炸弹制导系统给出的其他信息进行运算和判断后送出启动指令，使炸弹在最佳位置爆炸；执行机构的作用是保险和解除保险（炸弹只在投放/发射状态才解除保险），接受启动指令，产生引爆的点火信号以引燃战斗部。

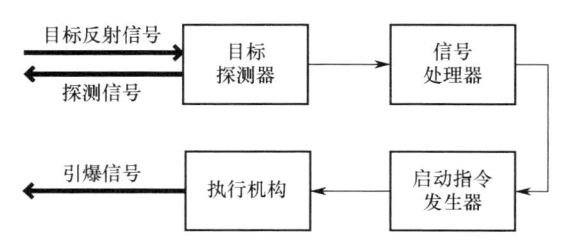

图 5.30　无线电（近炸）引信装置的组成示意

由于无线电（近炸）引信的易用性和较高的性价比，被各国军队广泛采用，其优点显著：引信辐射的信号频率范围很宽；引信信号数量变化很大，可引导单发射击，还可多发连射、齐射；引信信号留空时间短，因而受干扰的总量少，抗干扰性能较强。

由于无线电引信能提高引信与战斗部配合的精准度，充分发挥战斗部的毁伤力，大大提高炸弹的威力，因而得到了广泛的应用。例如，在对付地面目标方面，地炮榴弹、火箭弹、航空炸弹等配用了无线电引信以后，可在低空爆炸，形成"空爆弹"，大部分弹片呈倒漏斗状射向地面，对地面的杀伤面积远大于触地碰炸时的面积，并产生很强的冲击波和巨大的爆炸声，震撼力很强，会对人员的精神产生巨大的刺激，使人员感到恐怖，丧失战斗意志。据试验，地炮榴弹配用无线电引信后，近炸时的杀伤力比触地碰炸高 3 倍以上，可以起到一顶三的效果。

在对付空中目标方面，无线电引信能大大提高高炮或导弹摧毁空中目标的概率。如果高炮炮弹、地空导弹仅配用触发型引信，则必须直接命中敌机，才能毁伤目标。若配用无线电引信，则自动测量与敌机的相对位置，一旦敌机进入炸弹的毁伤半径，引信就自动引爆，无须直接命中敌机，这就等效于将敌机的尺寸放大了数十倍，提高了毁伤敌机的概率。目前，国外在中等口径以上的高炮炮弹及地空导弹或空空导弹上都配装了无线电引信，大大提高了毁伤目标的能力。

5.6.2　反恐战争中蓬勃发展的引信对抗

任何依靠发射和接收电磁信号进行工作的信息装备都可能被干扰，无线电引信自然也不例外，容易受到自然或人为的干扰。无线电引信对抗（以下简称"引信对抗"）是通过干扰无线电引信信号，使炸弹早炸或失效，相当于安全拆除了该炸弹。在反恐战争中，以引信对抗为主要方式的反无线电遥控式简易爆炸装置（IED）系统已成为美军及其盟军的标配系统。

1. 引信对抗的分类

引信对抗主要包括无源对抗和有源对抗。

无源对抗就是无源欺骗干扰，如在远离目标的前方上空抛撒大量的无源箔条，形成大范围的箔条云，当炸弹接近箔条云时，箔条云会反射引信信号，反射信号的特征与目标反射信号的特征相似，引信设备接收到反射信号后就会提前点火、引爆。此外，还可以投放角反射器等无源假目标，也能对引信起到干扰作用。

有源对抗指的是使用干扰设备对引信接收机进行干扰，包括有源压制式干扰（如宽带拦阻干扰或瞄准干扰）和有源欺骗式干扰，其目的就是使引信装置预定的启动性受到破坏。

有源压制式干扰是指用强大的干扰功率压制、破坏引信接收机的工作。引信装置为了抗干扰，都设置有自动增益控制电路，有的还设置有双门限电路。当引信接收机接收到长时间的强干扰信号时，自动增益控制电路启动，引信的接收灵敏度会大大降低，或者完全闭锁，这样就使引信接收机对目标反射信号不敏感，失去检测目标反射信号的能力而导致"瞎火"，或者使引信接收机所收到的信号电平过早达到一定值产生虚警而导致"早炸"。

有源欺骗式干扰是指当敌方炸弹离目标还很远时，干扰机发射带有目标反射信息的干扰信号，引信接收机收到干扰信号后，会误以为已到达距目标的最佳距离，因而提前点火"早炸"。

目前，引信对抗主要使用有源欺骗式干扰方式，包括扫频式欺骗干扰和转发式欺骗干扰，两种干扰都在使用，未来将向综合一体化引信对抗方向发展。

2. 引信对抗的发展

无线电引信因其巨大的优越性而得到了飞速发展和广泛应用，这引起了世界各国军方和电子对抗技术人员的高度重视，纷纷相继开展引信对抗技术的研究。

美国率先开展引信对抗技术研究，并投入相当多的人力和财力。20 世纪 50 年代初美国研制出第一代扫频式引信干扰机，60 年代初其研制出扫频转发式引信干扰机。

在引信对抗技术研发初期，美军对于这种类型的通信对抗理解不够深入，也不太重视，并因此闹过很多笑话。1959年，美国陆军蒙茅斯堡实验室研制出一种代号为PLQ-2的便携式无线电近炸引信干扰机，由一位电子战参谋将其带到迪克斯堡靶场进行实弹射击演示。演示开始后，炮兵部队按要求发射了一枚无线电近炸引信炮弹。干扰机开机工作，结果使炮弹射出后仅3秒钟就发生了爆炸，这意味着这是一次成功的无线电引信干扰。但炮兵对此却耿耿于怀，他们不相信是干扰导致无线电引信提早触发。于是，为了证明其作战能力，在第二次发射时，炮手悄悄在炮膛里装上了一发机械触发引信炮弹，随后瞄准干扰机发射了出去。由于该炮弹没有任何无线设备，因此干扰机不会对其造成任何影响，结果自然可想而知——干扰机被炸飞。可悲的是，此后相当长的一段时间美国陆军再也没有试验过任何引信干扰机。

最终，在经历一系列挫折之后，在海湾战争中，美军研制和部署了具有世界领先水平的"游击手"电子自卫系统（SEPS），这是一种具备行进间掩护能力的单兵背负式引信干扰机，可检测采用近炸引信装置的炸弹所发出的信号，将信号改变之后发回给引信装置，使引信提早触发并过早引爆炸弹。该系统后来大量列装了美军和北约军队。

在反恐战争期间，美国陆军依托反无线电遥控式简易爆炸装置电子战（CREW）项目开发出了一系列针对简易爆炸装置无线电引信的干扰系统。典型系统包括"魔术师"系统（Warlock，该系统的前身即是"游击手"系统）、"交响乐（Symphony）"干扰机、"雷神"（THOR Ⅲ）系列干扰机（见图5.31）、"公爵"（Duke）干扰机、"变色龙"（Chameleon）干扰机等。此外，还有一些有人机载、无人机载的装备。

俄罗斯也是引信对抗技术研究和应用比较早的国家，如SPR系列引信干扰系统已装备了"独联体"和巴尔干地区。其中，SPR-2宽带近炸型引信干扰机的性能与美军的AN/VLQ-11"游击手"系统类似，有效防护区域为20万～60万平方米，用来保护指挥所、导弹发射点、弹药库、部队的集结点及其他一些重点目标。SPR-2干扰机的工作频段覆盖VHF/UHF频段（100～500MHz），自动化程度高，机动性和抗毁性很强，具有很好的野战及生存能力，在固定和移动状态下作用都十分有效，可使炸弹在400m的高度提前爆炸。据称SPR-2干扰机能够对付其覆盖频率范围内80%的引信，包括那些具有抗干扰措施的引信。

图 5.31 "雷神"（THOR Ⅲ）系列干扰机

3．引信对抗的应用

引信对抗的作用是通过有源或无源干扰，使敌方炸弹早炸、迟炸或"瞎火"，保护己方重点人员或设备目标的安全。图 5.32 是用引信对抗设备保护重要目标免受敌方炮火毁伤的示意。图中 A 是敌方炮火，B 是炮弹在空中的弹道线路，C 是干扰波束，D 是干扰空域，E 是保护区，J 是引信干扰机。在 A 发射炮弹时实施干扰，使炮弹在远离目标的高空区域 D 处爆炸，保护位于区域 E 中的重点目标。

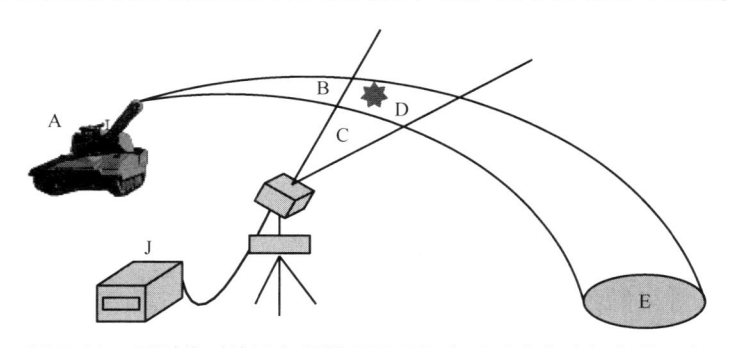

图 5.32　用引信对抗设备保护重要目标免受敌方炮火毁伤的示意

引信对抗设备包括便携式引信对抗设备、车载式引信对抗设备和固定式引信对抗设备。便携式引信对抗设备的干扰功率小，保护的地域也小，主要用来保护小范围的前沿阵地或实施随队干扰，保护运动中的小分队等；车载式引信对抗设备的干扰功率大，保护的区域也大，用来保护大范围的前沿阵地、炮兵阵地、部队集结地、物资集散地、指挥所及其他重要目标等，还可掩护部队冲锋；固定式引信对抗设备部署在后方或前沿浅纵深的高炮阵地、部队集结地、物资集散地等特定区域，用来干扰导弹的无线电引信，使其早炸。

参考文献

[1] 军事科学院外国军事研究所，中国国防科技信息中心. 海湾战争(中)[M]. 北京：军事科学出版社，1992.

[2] 展学习. 伊拉克战争[M]. 北京：人民出版社，2004.

[3] BRAUN T M, BRAUN W R. Satellite Communications Payload and System[M]. Second Edition. New Jersey: Wiley-IEEE Press, 2022.

[4] 郑辉根，张春磊，李子富，等. GNSS 欺骗攻击综述[J]. 航天电子对抗，2020(4)：35-39.

[5] 梁华杰. 美军战术数据链在指挥管制系统中的应用[J]. 尖端科技，2015(3)：54-58.

[6] 中国人民解放军总参谋部第四部. 电子战行动 60 例[M]. 北京：解放军出版社，2007.

第 6 章
通信电子战未来发展展望

近年来，电子信息领域的发展呈现逐渐加速的迹象，尤其是人工智能、大数据分析（包括大模型）等领域的不断突破，更是让这种加速本身都产生了更高的加速度。因此，可以说当前电子信息领域的发展正处于非常关键的阶段。电子信息领域的发展对通信电子战乃至整个电子战领域的发展带来了多方面影响，并驱动电子战领域发生深刻转型，最终使得通信电子战的发展也来到了关键阶段。

6.1 电子信息领域发展及其对通信电子战发展的影响

6.1.1 电子信息领域的发展脉络梳理

可以从多个维度对电子信息领域的发展脉络进行梳理。

1. 信号处理与系统功能实现方式维度发展脉络

从信号处理与系统功能实现方式维度来看,电子信息领域发展脉络可归纳为"模拟化→数字化→软件化→智能化"或"模拟化→数字化→大数据→智能化"。

该脉络发展现状归纳如下:目前电子信息领域的数字化进程基本上已经完成,几乎所有电子信息系统都已实现数字化;软件化渐成主流,并逐渐升级、替代以硬件为中心的电子信息系统;大数据与智能化实际上是人工智能的一体两面,目前的发展正如火如荼。

总之,从该脉络来看,当前电子信息领域发展处于数字化、软件化、大数据/智能化的共存期。

2. 信息承载方式维度发展脉络

从信息承载方式维度来看(在此只考虑无线信息载体的情况),电子信息领域的发展脉络可归纳为"电磁/磁场特征承载信息→电磁–量子特征承载信息→量子特征承载信息"。

该脉络发展现状归纳如下:目前绝大多数的电子信息系统(只考虑无线系统)的信息承载主要借助电磁场能量,如通信系统中的原始信息都是加载到特定频率电磁波上并进行传输的;近年来,随着一系列电磁波量子效应[如电磁诱导透明(EIT)效应]被发现,可以借助这种效应特征来恢复信息,尽管这种技术目前仅用于恢复信息,但从理论上讲,也可以用来承载、传输信息;此外,基于纯粹量子特征[如量子纠缠、轨道角动量(OAM)]的信息承载也取得了长足进展。当然,其承载的"信息"目前仍仅限于诸如"密钥"(用于量子密钥分发领域)、"动量与位移"(用于量子雷达领域)、"量子比特"(用于量子计算领域)

等"非传统"信息。

总之,从该脉络来看,当前电子信息领域的发展处于电磁场特征信息承载占主流,电磁-量子特征承载信息与量子特征承载信息逐渐萌芽与发展的时期。

3. 系统组织运用与效能发挥方式维度发展脉络

从系统组织运用与效能发挥方式维度来看,电子信息领域(在此主要聚焦军事电子信息领域)的发展脉络可归纳为"平台中心战→网络中心战→决策中心战/马赛克战"。

该脉络发展现状归纳如下:目前平台中心战时代基本已经结束,尽管仍有一些貌似采用平台中心战作战模式的系统/平台(如隐身战略轰炸机),但实际上从体系层面来看,其依然离不开网络化的信息支持,仍属于网络中心战系统/平台;网络中心战是当前的绝对主流,所有军事电子信息系统/平台都基于网络中心战的核心理念("以网聚能、以网释能")来设计、组织、运用;决策中心战与马赛克战是近年来兴起的理念,二者一体两面,都致力于打造有利于己方而不利于敌方的杀伤网,只不过马赛克战是实现方式、决策中心战是核心理论,随着人工智能的飞速发展,决策中心战/马赛克战发展迅速。此外,随着网络中心战、决策中心战理论的日趋成熟,还催生了"电磁静默战"这种很有特色的电磁频谱博弈模式。

总之,从该脉络来看,当前电子信息领域发展处于以网络中心战为绝对主流、决策中心战/马赛克战快速发展的时期。

6.1.2 对通信电子战未来发展的影响

电子信息领域的上述发展脉络成为推动通信电子战转型发展的内外因素。

1. 内因方面

通信电子战领域本身也属于电子信息领域,因此电子信息领域的很多发展脉络同样适用于该领域。

例如,以智能化为主要特征的认知电子战、以软件化为主要特征的多功能软件可重构电子战、以网络中心战理念为指导的网络化协同电子战与电磁静默战、基于电磁波量子效应的电子战等都属于此类。

2. 外因方面

从通信电子战角度来看，电子信息系统很多都是作为其作战对象呈现的，因此，作战对象的发展自然也会驱动通信电子战技战术的转变。

例如，电子信息系统的网络化（网络中心战）使通信电子战从传统以"电磁信息系统"为主要作战对象向以"电磁-网络一体化信息系统"为主要作战对象转型，进而催生了战场网络战的理念。

再如，随着电子信息系统的智能化程度不断提升，传统上以破坏连通性为主要目标的通信电子战，向以全方位破坏算法、算力、数据的算法博弈方向发展。

3. 结论

综上所述，在各种内外因素的影响下，通信电子战未来的发展趋势主要体现在战场网络战、认知通信电子战（智能化通信电子战）、电磁静默战（美国称"低功率到零功率作战"）、算法博弈战、网络化协同通信电子战、基于里德堡原子的电子侦察等几方面。

6.2 战场网络战

战场上，射频通信的网络化与计算机网络的射频化共同催生了网络化战场，因此，传统通信电子战也逐步朝着以网络化战场为主要作战对象的战场网络战方向发展。

6.2.1 网络化战场——射频网络化与网络射频化

1. 网络化通信系统与战场通信网

以往很长时期的传统通信方式，要么都是电台之间的直接沟通，要么都与指挥部联系或通过指挥部中转。接着出现了交换机，通信系统内的任意两个作战单元可以通过交换机互相通信（见图6.1左图）。但无论是电台之间的直接沟通，还是通过交换机的通信，作战单元之间都只能是一对一的联系，即所谓"点对点"通信。只要破坏了其无线通信链路（信道），联系就会中断。

第 6 章 通信电子战未来发展展望

近年来，通信的发展呈现非常显著的网络化特点。随着计算机技术、组网技术、信号处理技术、云计算及数据链等信息技术日新月异的发展，通信网络化的趋势越来越明显。在战场上，覆盖作战区域的由卫星通信、数据链、三军现役和在建通信网组成的网络化通信系统，由栅格状干线节点和传输链路组成，已不仅仅是无线电台之间的"点对点"通信，而是各作战单元及其干线节点交换机、入口交换机、传输信道、保密设备、网控设备、通信终端等都处在一个类似"棋盘"的网络中（见图 6.1 右图），构成一个整体，这就是"战场通信网"。各作战单元只是该通信网的一个个"节点"或"端口"（图 6.1 中网格相交处的圆点）而已，而各"节点"或"端口"之间都有多条路径（称为"链路"或"路由"）相连，每两个节点之间除有最短的连线外，还可以通过迂回线路相通。因此，战场通信网就具有时效性好、互通程度高、机动性快及保密性、抗干扰生存能力强等特点。

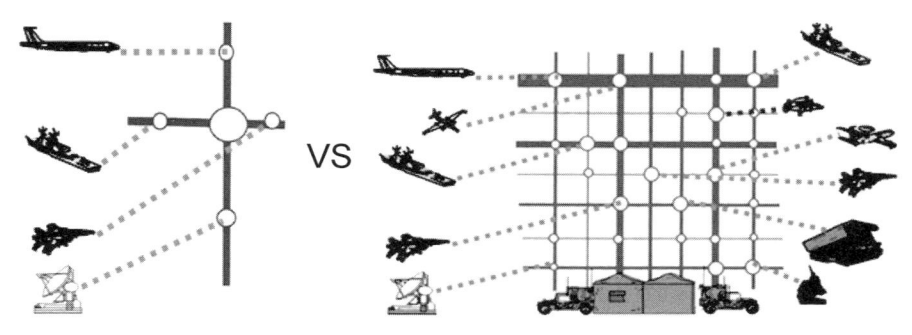

图 6.1 "点对点"通信（左）与战场通信网（右）示意

我们日常使用的移动通信就是典型的网络化通信系统：两部手机通过基站众多信道（"链路"或"路由"）中任意一条空闲信道进行通信，干扰破坏掉部分信道根本不起作用，经由未受干扰破坏的信道，通信依然正常进行。

美军已基于网络中心战作战思想，建设了基于国防部信息网（DoDIN）的战场信息网络体系。该体系以导弹预警、照相侦察、雷达成像侦察、电子侦察、海洋监视、通信、导航等天基卫星系统为基础，以战场通信网为骨干的全球信息传输网络为纽带，连接战场指挥、控制、雷达、敌我识别、导航、遥测遥控、电子战等各种信息装备，集指挥、控制、通信、计算机、情报、监视、侦察（C^4ISR）等功能于一体，使现代战场的作战范围空前扩大，作战能力显著增强，作战效率大大提高，在海湾战争以来的一系列高技术战争，特别是阿富汗、伊拉克战争中进行了充分试验并取得了十分明显的效果。

该体系本质上是一个高度集成化和智能化的军用互联网，它使现代战场从最高指挥官到每个士兵、从前线部队到后勤供给之间，在遂行军事行动过程中，能近实时地实现各种信息资源的收集、传输、交换和共享，在恰当的时刻获取所需的信息和数据，并据此做出正确的判断和决策，以采取相应的行动。

美军的作战指挥、军队部署、联合行动都极度依赖战场信息网络体系，特别是依赖战场通信网来实施指令下达、情报传递、数据处理和分发，以及目标探测、敌我识别、导航定位、测控等各种作战信息的传输、交换和利用，一旦通信网遭到攻击并被破坏，信息资源无法传输、共享和利用，整个军队就会被分割成一个个"孤岛"，战斗力就会大幅降低甚至完全丧失。战场通信网起着类似人体的"筋脉"或"血管"的作用，"筋脉"或"血管"一旦被切断，人就会瘫痪甚至死亡；而战场通信网一旦被破击甚至瘫痪，那整个战场信息网络体系就将遭受严重破坏、损毁甚至瘫痪。

对于上述战场通信网的对抗，光靠传统的以"路由"或"链路"破坏为主要目标的通信电子战已力有未逮，因为战场通信网络中各作战单元（"节点"或"端口"）之间依靠迂回线路依然可正常联通。

2. 战场网络化与网络化战场

网络化战场指的是利用数字化技术和标准软件协议，从横向和纵向上把战场上所有的指挥、控制、计算机、通信、情报、监视、侦察等信息装备和武器系统，通过战场通信网有机地连成一个网络化系统，即"战场信息网络体系"。

从武器装备角度讲，网络化战场的实质是实现系统集成，即把分散在战场上的众多信息武器装备紧密地结合起来，使它们互联互通，不仅能提高指控效率，还能大大提高反应速度，实现人与武器装备的紧密综合，从而使部队的战斗力产生质的飞跃。从作战和部队建设角度来讲，网络化战场的实质是实施作战的网络化指控和部队的网络化训练与管理。

网络化战场对作战的影响是深刻的、多方面的。以数字化为基础的武器装备的自动化、智能化和网络化，不仅提高了作战效能，还提高了对信号的感知和获取能力，以及对信息的传输、分发、处理和利用能力，促进了作战指控方式由传统集中式向扁平分布式的转化。

3. 通信网是网络化战场的基础

美军信息化战场的快速发展在很大程度上得益于美国海军提出的网络中心战理论。

根据网络中心战概念，战场信息网络体系的装备可以分为以下几类（见图 6.2）：感知获取信息的传感器网（图中左面长方框涉及的作战单元）；利用信息的火力打击武器网（图中中间正方框涉及的作战单元）；处理信息的计算机网（图中棋盘状栅格的部分交会"节点"）；战场通信网（图中所有的棋盘状栅格）。但这仅仅是功能性区分。从图 6.2 中可以看出，在信息化战场上，传感器、火力打击武器、处理信息的计算机只是一个个"节点"或"端口"以即插即用的方式接入通信网而已——从这一角度来讲，真正覆盖战场的只有战场通信网。因此，通信网实质上是信息化战场的基础，没有战场通信网，战场信息网络体系将无法运行，信息化战场也将不复存在。

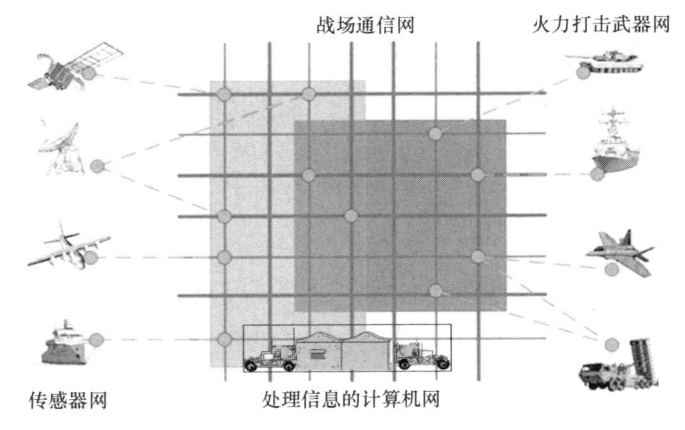

图 6.2 战场通信网、计算机网、传感器网、火力打击武器网之间的关系

6.2.2 战场网络破击——战场网络破、瘫、控

战场网络战主要是通过多种方式对敌方网络化战场实施破击，主要手段包括信号战、比特战、战场网络控制战。

1. 破网：以力取胜的"信号战"

传统通信电子战用于对无线电通信电台或电台群实施定向的侦察和大功率干

扰，作战效果的好坏与干扰信号的功率大小密切相关，在其他条件相同的情况下，干扰信号功率越大，干扰效果就越好。这就是信号战的特点。在进行战场网络对抗时，若能合理地利用传统的信号战，如利用多目标干扰方式同时干扰通信网的多条关键链路或多个"节点"，采用近距离部署对目标实施分布灵巧式对抗等方法，就可"撕破"通信网一个或数个"口子"，进而降低其连通性，使传统的"通信信道干扰"升级为"网络链路干扰"，从而收到良好的效果。

1）传统信号战的弱点

如前所述，通信电子战的斗争焦点是对通信信号的遏制与反遏制，或者更为确切地说是在通信信号领域内的较量，其弱点显而易见。

只有"点对点"作战效果。以信号战为核心的通信电子战的目的是破坏传感器接收信道或射频链路，能起到的作战效果只有"点对点"的效果，而起不到"点对面"的效果。这是因为单一的电子攻击由于受到干扰信号频谱和功率的限制，往往只能对单一的目标（"点"）造成破坏，无法对目标群（"面"）造成影响。对于战场网络战而言，破坏掉一条射频链路或一些通信信道，对整个系统起不到多大影响，更无法使整个战场信息网络体系失效。

强调能量的决定性作用。以信号战为核心的通信电子战强调信号能量的决定性作用，使干扰功率不断加大。这不仅使装备成本不断提高，电磁兼容问题还日益突出。此外，随着干扰功率的不断加大，其自身电磁安全性、抗毁性也就越差。

强调时域、频域和空域上的重合性。以信号战为核心的通信电子战特别强调干扰信号与被干扰信号在时域、频域和空域上的重合，否则就不能起到应有的干扰效果，这就要求通信电子战装备应有足够快的侦收截获、测向定位的反应速度和频率瞄准精度，导致装备研制的难度越来越大，周期越来越长，成本也越来越高。同时，也暴露了通信电子战的被动性——只有在对方辐射信号时才能进行侦察、干扰，如果对方采用无线电静默或突发通信，则作战效能就大受影响，甚至错失战机。

2）"破网"是信号战的新使命

在信号层战场网络战中，通信电子战的信号战作战方式是以射频信号外部特征参数为基础、用多目标干扰和分布灵巧对抗手段"切断"网络节点或者无线电入口单元射频链路的策略。因此，信号层网络对抗的进攻目标是网络的传输链路、

"节点"或"端口",目的是撕开通信网的口子——"破网",为侵入网络内部进行"比特战"进而实施"控制战"创造条件和奠定基础。

"破网"是战场网络对抗赋予通信电子战实施信号战的新使命,同时也是战场网络战的最主要保底手段。

2. 瘫网:以巧取胜的"比特战"

在当今计算机技术高度发展的数字化社会,任何信息的储存、传输、处理都可以用经数字化后"0""1"的流量(简称"比特流")来表示。网络空间"流淌"的"比特流"就好比是电磁空间的"载波",所有信息内容都是承载在比特流上,一直到处理完毕恢复出信息内容为止。

这与昆虫的蜕变过程十分相似(见图 6.3)。昆虫从幼虫变成成虫,都必须经历"蛹"这一环节。蛹是最脆弱的,因为昆虫此时没有任何防御或攻击手段。同样,"比特流"也是信号向信息转换过程中最脆弱的环节,可以说传输信息的"比特流"是通信网的"死穴",可针对其展开各种侦察、攻击、利用,以最小代价实现最大效能。

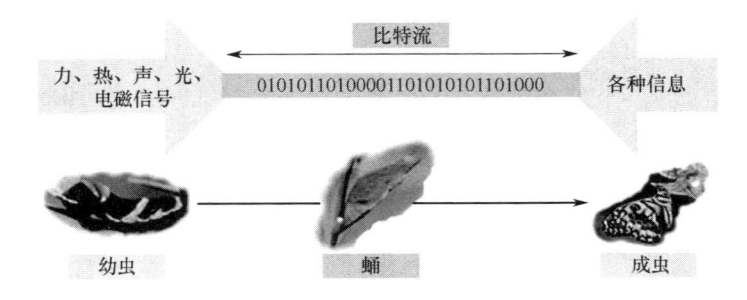

图 6.3 比特流与蛹的关系示意

这种针对网络空间"流淌"的比特流展开的侦察与反侦察、攻击与反攻击、利用与反利用的斗争,就是在信息比特层展开的战场网络对抗,称为比特战。

比特战的进攻方通过利用各种手段和方法来扰乱或破坏敌方在信息获取、信息传输、信息处理和信息储存与利用等各个环节的比特流,以造成其信息混乱甚至整个战场信息网络体系失效。防御一方则采用各种手段和方法来保护己方信息获取、传输、处理和储存与利用等各个环节的信息安全,特别是确保比特流在己方战场信息网络体系中的无失真传输。

比特战的基本方法是：通过对网络比特流特征进行分析，获取网络数据帧结构、编码方式（信源编码、信道编码、交织、扰码）、网络协议（链路层和网络层协议）、网管协议等，通过对网络协议、网络同步系统等的欺骗、扰乱、破坏，达到比信号战更有效的网络对抗效果。总之，比特战的攻击目标是网络秩序，目的是降低敌方信息网络的可用性。比特战是一种灵巧的战法，不撄敌之锋，不当敌之锐，迂回曲折，闪展腾挪，攻敌之必救，杀敌于无形，闲庭信步间即可巧妙杀敌一片，瘫痪战场网络。

1) 比特战的优越性

可起到"点到面"的破坏效果。信号战只能起到"点对点"的作战效果。而比特战除传感器外，更着眼于破坏通信网的网络秩序（包括协议、同步等）。通信网网络秩序一旦遭受破坏，即便有再多传感器获取再多的信息，也无法传输到计算机进行必要的分析处理，恢复出有价值可利用的信息，并通过通信网再传输到火力武器，发挥信息应有的作用。由此可见，比特战可起到"点到面"的作战效果。

具有隐蔽性和高效费比。比特战所基于的理论是信息论，是一种比知识、比算法的智力战。比特战无须使用大功率，具有隐蔽性，不会给自身带来安全隐患。此外，比特战往往可在远离战场、只要有网络端口的任何地方，由少量的人和设备实施，以低的直接成本换取高的军事效益，具有很高的效费比，无疑会成为非常重要又十分灵巧的作战样式。

不要求时、频和空域的重合性。比特战只要求信息格式或信息规约（如编码）的一致性，挂接在网络上的用户随时接收符合自身规约的信息，无须时、频和空域的重合。

2) 瘫网是比特战的核心作用

比特战主要研究如何通过对抗手段降低网络的可用性，其主要任务是：对通信网进行拓扑反演、帧结构分析、网络协议分析、网关协议分析、比特流灵巧欺骗、复杂网络分析等涉及对比特流本身所展开的攻防行动，最终目的是通过破坏甚至中断敌方通信网的信息传输能力，达到严重损伤甚至瘫痪其整个战场信息网络体系（"瘫网"）的目的。

通信电子战要想在战场网络对抗中立足，则必须朝比特战方向发展。另外，比特战的作战对象实际上就是通信网,因而通信电子战也必定朝比特战方向转型,这是必然趋势。

3. 控网:以智取胜的"战场网络控制战"

孙子云:"兵者诡道"。各种战法实际上都以人类的智慧、智商的对抗为基点,网络战也是如此。战场网络战的最高境界就是深入敌方战场信息网络体系内部,通过获取、分析比特流所承载的信息内容,欺骗甚至控制其计算机,达到"控网"目的。此种战法称为战场网络控制战,是战场网络战的"至尊"。

1)战场网络控制战的任务

如果说比特战针对的是比特流这一"载波",那么战场网络控制战的作战对象就是"载波"上的"调制信息",也就是对战场信息网络体系中计算机的操作系统、应用协议与软件、网管系统、网络应用系统、业务信息等实施综合对抗。

战场网络控制战以逻辑攻击为主,通过网络入侵、渗透、破坏等手段,对敌战场信息网络(如防空网)与人员实施欺骗、控制、利用等综合攻击,目标是信息的应用环节,目的是降低敌方用户对信息网络的可信性。

战场网络控制战的主要任务是:对目标网络的信息内容特征进行侦察、分析,以便为后续欺骗、控制甚至瘫痪网络奠定基础。这些信息内容特征包括网络所提供的网络业务和目标计算机的内容,如上传或下载的文件、密码记录、键盘记录及主机端口、操作系统、注册表等。侦察到这些信息内容,就可以通过注入欺骗信息,控制对方的计算机,进而控制整个网络,即实现"控网"。也可以通过木马、蠕虫等恶意程序,瘫痪对方的计算机,进而瘫痪整个体系。

2)战场网络控制战的方法

信息欺骗。通过对网络协议的截取、分析和破译,将己方的虚假信息渗透到敌方的网络中去,对其进行欺骗,使信息处理计算机发出错误指令或给出与事实截然不同的结果,以达到最佳的攻击效果,这是最高层次的信息攻击。但信息欺骗的技术难度很大,尤其是要想通过解密、破译来实现信息欺骗攻击似乎有点天方夜谭。不过,对于某些密级不高的系统,采用信息欺骗还是可能的,甚至进一步控制对方计算机的操作系统为我所用。

信息堵塞。通过通信网向交换机、节点中心等信息处理计算机发送具有相同帧格式的"垃圾"数据流、邮件,使计算机趋于饱和而崩溃。

信息篡改。对敌方完整的信息帧进行截获和存储，需要时再原封不动地把这一过时信息发送出去。敌方收到这种过时信息后，会感到迷惑不解或不知所措，甚至发出错误指令或产生错误行动。

3）控网是通信电子战的最高境界

战场网络控制战是通信电子战技术领域的高度拓展。战场通信网包含有线网络和无线网络。就网络战的技术途径来说，有线网络战的重点在信息内容层面，无线网络战的重点在信号层面和信息比特层面。而战场网络战的当前重点则是对战场无线通信网的对抗。比特战处在信号战和战场网络控制战的中间环节，填补了信号层网络战与信息内容层网络战之间的空白，既可以看成信号战能力的扩展，成为信号战发展和升华的新阶段和新领域，极大地丰富和扩展信号战的内涵，也可以看成实施战场网络控制战的基础。而信号战和比特战则是实施战场网络控制战的前哨。

从信号战到比特战是通信电子战发展的必然趋势，也是一次质的跨越；而从比特战到战场网络控制战，则不仅是通信电子战的另一次更高的质的跨越，更是通信电子战发展征途上的最高境界和最高目标。

6.3 认知电子战

1986年美国D. 柯蒂斯·施莱赫（D. Curtis Schleher）撰写的《电子战导论》（Introduction to Electronic Warfare）一书的最后一章"电子战技术发展趋势"的最后一节是"人工智能"，书中简短却又不失前瞻性地介绍了人工智能在电子战领域中的应用前景，包括自动威胁分析、自主对抗决策、自主情报处理与生成、自主电子战斗序列推断等。可见，多年前专家就已经对认知电子战（Cognitive Electronic Warfare，CEW）的未来有了非常清醒的认识。

由于认知电子战赖以实现的人工智能在过去的很长时间内都未取得实质性突破，认知电子战领域的发展也一直停留在纸面上。直到近几年，人工智能领域的发展迎来了"黄金时代"，以人工智能为代表的认知技术已经渗透进几乎所有电子信息领域。电子战领域也理所当然地搭上了此次人工智能发展的快车，认知电子战领域也成为近年来电子战领域内的热门趋势之一。

6.3.1 人工智能时代到来

人工智能的发展阶段划分有多个维度，主流的维度有两个，即手段维度（实现的方式）与目标维度（实现功能）。

人工智能已经在通信、电子战、雷达、指控等领域实现了应用，并解决了很多实际问题。然而，从人工智能本身来看，其所能解决的问题通常需同时具备以下两方面特征：规则复杂，即问题本身所涉及的规则要么尚不清楚，要么规则维度多且深度大；问题规模庞大，即问题所涉及的任务体量、数据体量庞大，且所涉及的数据非结构化特点明显（见图 6.4）。

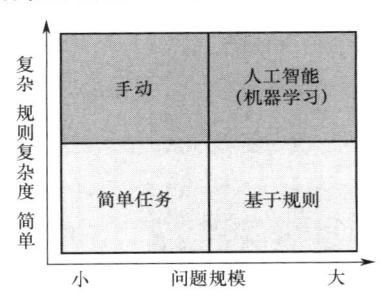

图 6.4 人工智能的应用场景

1. 手段维度：人工智能→机器学习→深度学习

从手段维度来看，人工智能的发展大致经历了从 20 世纪 50 年代开始的萌芽期，到 20 世纪 80 年代开始的以机器学习为主要特征的发展期，最终过渡到大约从 21 世纪 10 年代开始的、以深度学习为主要特征的爆发期，如图 6.5 所示。

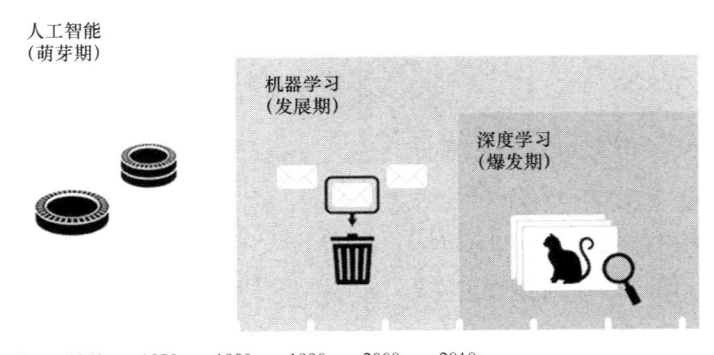

图 6.5 人工智能发展历程（实现方式维度）

顾名思义，"手段"这一维度自然要受制于特定技术的发展，这也是直到近10年以深度学习为主要特征的人工智能才大规模发展起来的主要原因。其实，自从20世纪80年代机器学习出现以后，就已经逐步具备深度学习的理论基础，但"物理基础"不具备：数据体量不够，不具备大数据基础；高性能运算能力不具备，不具备算力基础；践行深度学习理论的算法缺乏，不具备算法基础。

2. 目标维度：人工知识→机器学习→语境自适应

从目标维度来看，人工智能的发展主要分为人工知识、机器学习、语境自适应三个阶段，如图6.6所示。

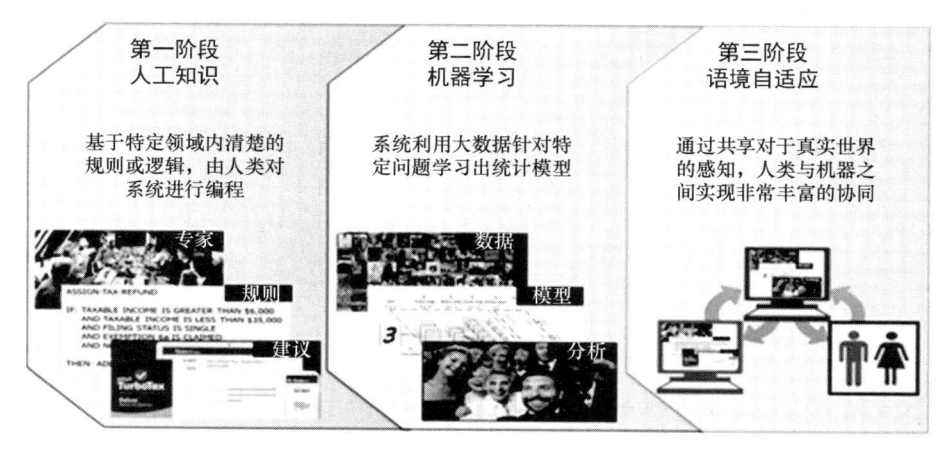

图6.6 人工智能发展历程（目标维度）

人工知识阶段基于特定领域内明确的规则或逻辑，由人类专家对系统进行编程。该阶段前期以人工知识为主，机器学习开始初步应用，发展至后期可成熟应用。

机器学习阶段的特征是系统利用大数据针对特定问题自行学习出模型。该阶段前期机器学习逐步取代人工知识，深度学习成为主流，后期机器学习逐步成熟，实现机-机协同。

语境自适应阶段基于跨境协同，人-机共享对真实世界的感知，实现完美的人-机协同。该阶段机器学习（尤其是深度学习）逐步成熟，语境自适应开始初步应用。

6.3.2 人工智能对电子战领域的影响

从顶层来讲，人工智能带来的颠覆性影响可以总结为"实现了从'数理的精准'到'算法的自觉'的转变"，即让机器利用其算法从新的维度实现数理精度的突破。这种转变可以从多个维度进行解读：在实现条件方面，从"软件驱动"向"数据驱动"转变；在实现手段方面，从"基于模型"向"基于学习"转变；在实现效果方面，从"数理精准"向"算法自觉"转变。

具体到电子战领域，这种转变也非常明显。之所以认知电子战领域在当前得到世界各国的高度重视，原因也无外乎此——在电子战领域内纯粹从数学、物理层面追求更高的精度越来越艰难。其实，无论是电子战领域还是其他领域，对于精度的追求一直都是主要目标之一。然而，无论是数学的精度还是物理的精度都有其"极限"，而这种极限通常是人类的认知能力有限或者手段不足导致的。而此时人工智能的大放异彩刚好提供了另外一种解决方案——让机器算法的"自觉"代替人类的传统"认知"，或者说，让机器算法的"发现"代替人类的"探索"。

这种尝试在电子战领域取得了非常好的效果。迄今为止，仅仅美军就已经开发了包括自适应雷达对抗（ARC）、自适应电子战行为学习（BLADE）、极端射频频谱条件下的通信（COMMEX）、认知干扰机（CJ）、反应式电子攻击措施（REAM）等十多个认知电子战项目，以及可支撑认知电子战全系统集成的智能化射频前端、智能化天线等项目。而且，据称相关认知电子战技术已经在诸如 EA-18G "咆哮者"电子战飞机、"猛虎"电子战吊舱等平台与系统上实现了实战部署。

总之，认知电子战"人不在环路"的特征可带来作战模式的巨变。若能实现"人不在环路"这一终极目标，则认知电子战无疑会为电磁频谱域内的攻防作战模式带来革命性影响，电磁频谱域也将迎来智能战的崭新时代。

6.3.3 认知电子战的内涵

简而言之，具备以下一种或多种能力的电子战技术即可算作认知电子战技术范畴：自主态势感知，自主学习与经验积累；自主推理与辅助决策；自主干扰策略优化与攻击。认知电子战示意如图 6.7 所示。可见，认知电子战系统是指在传统的电子战系统中引入认知计算理论。它的本质是通过对作战环境的感知，从大量原始传感器数据中提取高水平知识，然后实时推导出电子战攻击的最优化策略，提高装备的自适应能力，然后对其效能进行评估。

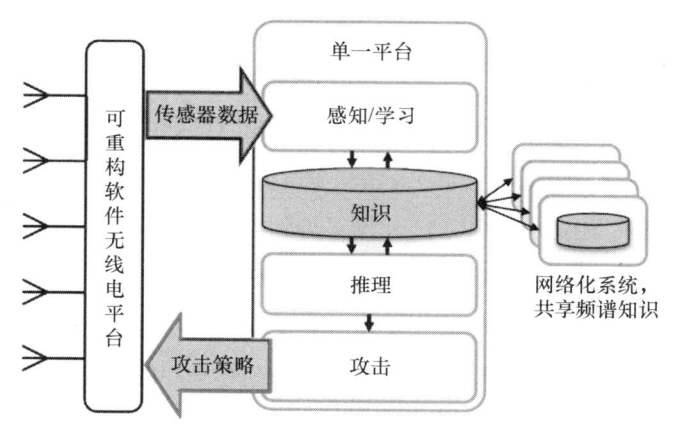

图 6.7　认知电子战示意

6.3.4　认知电子战的特点与优势

相对于传统电子战而言，认知电子战具备多方面明显优势。

1．有望解决复杂电磁环境精确态势感知难题

认知电子战带来的最大优势是适应复杂电磁环境的能力，若这种能力得到完善（尤其是通过融合认知电子战与认知信号情报领域），则有望解决复杂电磁环境下精确态势感知难题。尤其是在感知存在跳频通信、捷变频雷达等系统的复杂电磁环境时，其自主学习能力将显得尤为重要。在面临新的复杂电磁环境时，认知电子战系统可快速适应该环境，并自主生成适用于该环境的决策。当然，这一优势与信号情报能力的提升是分不开的，必须在强大的信号情报能力的支撑下，才有望实现这一点。

2．有效对抗认知系统或网络

随着认知无线电（CR）理论与技术的日益完善，其应用领域也越来越广，不仅出现了认知无线电台、认知无线网，还出现了认知雷达等认知动态系统。这些认知系统的最大特点就是其"认知（或智能）能力"，即自主根据周边的电磁

环境选择信号波形（如频率、脉冲宽度、调制样式等）。这样，其抗干扰能力就大幅提升。

传统的功能固化的电子战系统在应对这些认知系统时，其效能将大打折扣。而认知电子战系统则不同，由于它与基于认知无线电的系统"同根同源"，也具备了非常强大的认知对抗能力，因此，在对抗认知系统时，仍能保持很好的效能。当然，本质上认知电子战与其他认知动态系统之间的对抗是一种动态的智能、认知博弈的过程，博弈结果终究取决于相关系统的认知能力（智能化程度）。

3. 极大增强电子干扰系统的隐蔽性、抗毁性

由于对作战对象的态势感知深度、精度不够，传统的电子干扰系统只能依靠大功率压制手段来实现有效对抗。尽管这种对抗方式很有效，但干扰信号容易暴露并招致反辐射打击。而认知电子战系统由于以深入、精确的态势感知为基础，因此可以实施真正意义上的精确干扰——不仅位置精确瞄准、频率精确覆盖、调制样式精确一致，甚至还可以在信息层进行欺骗。在这种情况下，干扰信号无须以大功率发射。这样，干扰系统的隐蔽性、抗毁性将大大提高。

4. 显著增强电子战与赛博战的相互赋能作用

从作战效能发挥角度来看，赛博战与电子战之间呈现非常紧密的相互赋能关系。然而，当前二者相互赋能作用无法充分发挥：电子战在态势感知、干扰与欺骗等环节的技术水平尚不足以支撑赛博战；赛博战太过关注高层次信息对抗，缺乏低层次（物理层、链路层）对抗手段与技术。而认知电子战在态势感知、干扰与欺骗乃至信息控制等方面带来的巨大技术变革，进一步拉近了电子战与赛博战之间的距离，将显著增强电子战与赛博战之间的相互赋能作用，进而为突破诸如战场无线网络对抗领域的关键技术奠定基础。

6.3.5 认知通信电子战典型项目

典型的认知通信电子战项目主要包括 DARPA 的自适应电子战行为学习（BLADE）项目与极端射频频谱条件下的通信（CommEx），分别是典型的综合认知通信电子战项目和认知通信电子防护项目。

1. BLADE 项目

2010 年 7 月初，DARPA 公布了 BLADE 项目公告，开发一种具备认知能力的智能通信干扰机，其主要特点是能够检测并描述新出现的（而非已知的）通信辐射源威胁，通过机器学习来干扰该威胁并自主评估干扰效能，这也标志着"认知通信对抗"时代的到来。

具体地说，该项目的主要目标是开发一种能够实时检测、分析、对抗战术级无线通信系统的干扰机，以解决传统的电子战干扰机实时性不足的问题。该项目开发的系统部署战场后，用户能够快速分析与对抗各种通信威胁或压制简易爆炸装置遥控信号。

该项目的核心技术是机器学习技术，安装了相关软件的电子战系统可自动分析其局部无线电环境并修改其发射参数，以达到始终以最佳干扰方式来干扰敌方通信（包括抗干扰通信）的目标。该项目拟开发的系统包含三个功能模块，如图 6.8 所示。其主要可实现以下几方面功能：信号检测与描述；干扰波形优化；战损评估；基于人在环路与机器自主决策的电子战行为学习能力（这也是其核心能力）。

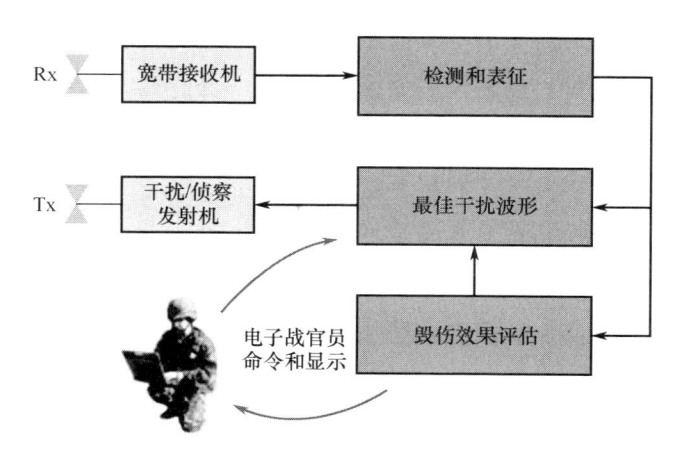

图 6.8 BLADE 系统功能模块示意

在一次机载测试中，DARPA 与洛克希德·马丁公司先进技术研究室（ATL）共同演示了 BLADE 项目的机载通信干扰技术，其干扰目标包括军用无线电台、手机、专用数据链。在演示过程中，项目相关软件安装于雷声公司的下一代电子战系统"消音器"(Silencer)上,而"消音器"系统则安装于一架改装型 PA-31"纳瓦霍人"小型客机上。此外,据报道,目前正在发展中的美国海军水面电子战改进项目(SEWIP)、下一代干扰机(NGJ)项目及陆军多功能电子战(MFEW)等项目正在使用 BLADE 项目的相关成果。

2. CommEx 项目

2010 年 9 月 10 日,DARPA 战略技术办公室发布了 CommEx 项目公告,征集在受到严重干扰和存在各种自适应的人为和自然干扰源条件下确保正常通信的各种技术,目标是开发能够实现自适应干扰抑制优化的创新自适应技术。该项目能够感知复杂电磁环境,并能适应环境的变化,以实现某个维度或多个维度的最优化(见图 6.9)。与传统抗干扰技术最大的不同之处在于,该项目所开发的技术能够"适应"干扰,即通过将人工智能算法与新型干扰抵消技术融合在一起,实时发现并描述威胁(干扰)特征,最终实现自适应干扰抑制。

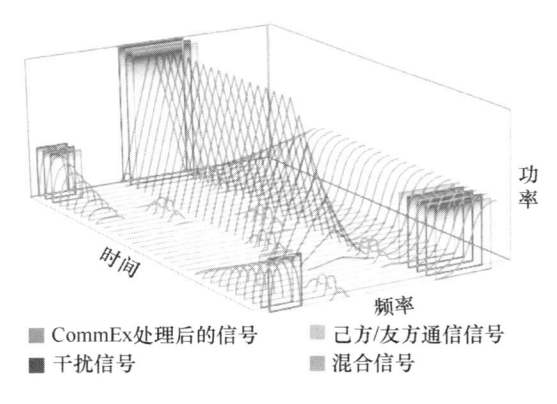

图 6.9 复杂电磁环境及 CommEx 处理

注:本图彩色版见本书彩插。

该项目主要抵御以下四种类型干扰:可导致接收机因交调失真而失效的大功率干扰;传统类型干扰;自适应干扰;多干扰源发起的分布式干扰。新开发的技术可以只针对一种或多种特定类型的干扰,也可以只针对一类或多类干扰缓解策略,还可以只针对在干扰容忍通信体系结构的特定子系统或者完整的通信系统。该项目所开发的系统主要由干扰识别器、干扰策略优化控制器、策略优化器等部分构成。其实战应用示意如图 6.10 所示。

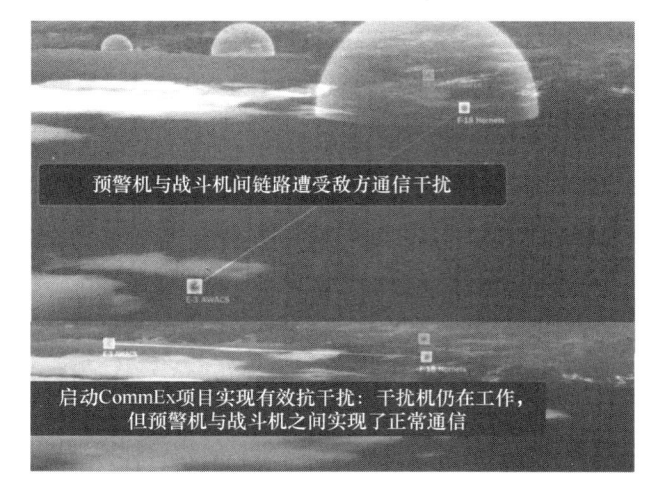

图 6.10　CommEx 系统实战应用示意

6.4　网络化协同通信电子战

自 1998 年美国海军提出美军网络中心战理念以来，在信息领域技术高速发展的当今，该理念与物联网、云计算、大数据、人工智能等新技术领域实现了非常完美的融合。网络中心战理念在电子战领域的落地即催生了网络化协同电子战。

6.4.1　网络化协同电子战发展概述

网络化协同电子战的理论基础是网络中心战，尽管其概念尚无明确、严格的定义，但从其网络中心战机理出发，可对其内涵进行如下界定："网络化协同电子战是网络中心战理念在电子战领域应用的特例，指的是通过网络化协同手段综合提升电子战装备个体、群体、体系的能力，这些能力包括电子战支援、电子防护、电子攻击、电子战效能评估、电磁战斗管理等多方面能力。"

网络化协同电子战目前仍处于上升发展阶段。原因包括：电子战自身特点决定了其对网络中心战理念依赖性更强，导致电子战领域网络中心化潜力巨大、很多方向尚未挖掘；人工智能领域的异军突起，为"人工智能+网络中心战"型的电子战领域迎来快速发展机遇。尤其是借助分布式人工智能强大的个体能力提升，电子战有望实现"网络化体系智能"这一高阶目标。

美军在网络化协同电子战领域发展非常迅速，且全面得到了各个军种的认同。美国海军早在 2010 年就提出了电子战协同与控制理念（见图 6.11），旨在实现美国海军舰载、机载（含无人机载）、弹载电子战系统的协同与控制。美国国防部、各军种目前仍非常重视网络化电子战能力的发展，并开发了一系列项目，包括：美国陆军的"空射效应"（ALE）和多域作战中的电子战基础研究（FREEDOM）项目等；美国海军的 EA-18G 与无人组网、先进舰外电子战（AOEW）、"复仇女神"项目等；美国空军的"舒特"计划、小型空射诱饵（MALD）项目等；DARPA 的"小精灵""狼群"项目等。

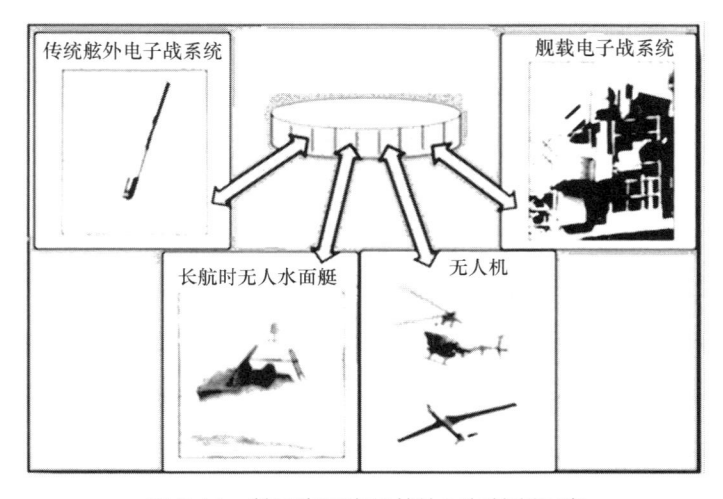

图 6.11 美国海军电子战协同与控制示意

6.4.2 网络化协同为电子战带来的能力提升

网络化协同（或网络中心战理念）可以为电子战带来全方面能力提升，包括感知能力、攻击能力、管理能力、防护能力等。

1. 感知能力提升

在电子支援侦察方面，以无源测向、定位技术与装备为例，网络化协同可以大幅提升测向、定位精度与速度。电子支援侦察的实战效能已从最初的"威胁规避"逐步向"无源定位直接引导精确打击武器"转变。而只有通过网络化协同才能在满足作战所需高精度的同时，确保作战可行性。

在信号情报侦察方面，基于网络化协同，实现多传感器情报数据融合。通过对侦察平台获取的侦察数据进行多传感器数据融合，可提高对目标的属性判别、威胁等级评定和活动态势感知的置信度。

2. 攻击能力提升

多目标攻击能力提升。通过网络化协同，可以基于人工智能调度的方式将网络中的电子攻击节点进行分工，不同的节点群负责攻击不同的目标，能够随着节点对自身环境的感知来动态调整其所攻击的目标，以确保同时对多个目标实施动态、高效的电子攻击。

攻击精准度提升。通过网络化协同，电子侦察精准度会大幅提升，而这种提升会间接带来电子攻击精准度的提升。

侦察、攻击相互影响降低。传统上，在实施电子攻击的同时，很难实施电子侦察，这是因为通常电子侦察与电子攻击的频段相同，电子攻击会对己方电子侦察造成巨大影响。而基于网络化协同，可有效解决一个频段干扰时相邻频段无法有效获取软杀伤引导，以及单干扰节点能力受限的问题。

赛博-电磁一体化攻击潜力巨大。网络化协同能够催生"情侦融合"的新能力，而这种新能力在战场上又可助力实现赛博-电磁一体化攻击能力。

3. 管理能力提升

网络化协同与电磁战斗管理之间是一种相互促进、相辅相成的关系，而二者的关联点就是"管理带来的网络化协同能力提升"。具体地说，电子战斗管理可以让信息传输能力的发展更具体系层面的针对性、完备性。电子战斗管理的横向与纵向信息共享、反馈、互操作等环节都会从体系层面对信息传输能力提出新需求，并最终促进信息传输在整个体系中发挥更具针对性的作用。这主要解决了传统信息传输系统能力发展不聚焦、缺乏体系性的问题。

4. 防护能力提升

在侦察方面，抗欺骗能力大幅提升。通过网络化协同，在己方电子侦察系统遭受敌电子欺骗时，可以通过网络化协同印证的方式来识别欺骗、规避欺骗乃至引导己方电子攻击系统实施反欺骗。

在攻击方面，网络化协同带来的低零功率特征可大幅提升电子攻击的反测向、反定位、抗反辐射打击能力。采用基于网络化协同的电子攻击时，由于把能量分散到了分布式的多个攻击节点上，因此，单个节点所需辐射的干扰功率大幅下降，进而对于敌方的测向、定位、反辐射武器而言，很难有效应对这种电子攻击。

6.4.3　网络化协同电子战发展阶段划分

本书建议将网络化协同电子战发展划分为连通阶段、协同阶段、群体智能阶段、体系智能阶段四个阶段。需要说明的是，这些阶段划分的依据是技术（技术水平）与战术（使用方式），而不是时间，因此没有明确的时间点划分，所以会存在技战术层面不同代际的项目、系统同时存在的情况。

连通阶段：为电子战系统建个网。这一阶段体现了网络中心战在电子战领域具体落地的萌芽，其观点也比较"朴素"，即先在电子战典型系统、平台之间搭建起诸如数据链等连通性手段，解决"电子战系统连接"这一基本问题，即解决有无问题。其主要出发点是"探究组网究竟能够为电子战带来哪些新增益"。

协同阶段：以网聚能与释能。这一阶段体现了网络中心战在电子战领域的成熟与深化。即在解决连通性的基础上，根据所连通的具体电子战平台、系统，打造既能支撑互操作、融合等需求，又能支撑定制化能力需求的协同能力。

群体智能阶段：智能驱动的群体对抗。随着人工智能的不断发展，电子战系统、平台等个体的智能化程度越来越强大。再结合无人系统的广泛应用，逐步形成了一种以无人群体智能为主要特征的网络化协同电子战系统。与协同阶段相比，这一阶段的最主要特点就是个体、群体智能化不断提升，进而促进了电子战快速、高质量杀伤链的形成。

体系智能阶段：智能驱动的体系对抗。在应用于个体层级、群体层级的基础上，人工智能在体系层级上的运用也得到了越来越多的关注。相应地，网络化协同电子战领域也在朝着这方面发展，即从体系博弈的角度，充分结合人工智能与软件定义一切（SDX）理念，实现电子战体系博弈、体系破击等能力的跨越式演进。

6.4.4　网络化协同通信电子战典型项目

具体到通信电子战领域，比较典型的网络化协同项目包括"小精灵""舒特"项目。

1."小精灵"项目

DARPA 的"小精灵"（Gremlin）电子战无人机群项目（简称"小精灵"项目）于 2015 年 9 月 16 日开始，旨在开发一种小型、网络化、集群作战的电子战无人机群。该无人机群可用 C-130 运输机等大型空中平台从防区外投送，可通过网络化协同对敌防空系统的各类雷达、通信系统、网络系统实施抵近式电子战侦察、信号情报侦察、电子攻击、赛博攻击，最终实现削弱敌态势感知、切断敌通信链路、瘫痪敌通信网络等作战目标。

在网络化方面，"小精灵"无人机可在快速发射后即时组网。在电子战方面，"小精灵"无人机具备对敌防空压制、通信干扰、抵近式侦察乃至恶意代码投送等多方面能力。

2019 年 8 月，"小精灵"正式代号确定为 X-61A。2020 年 7 月，X-61A"小精灵"无人机进行第 2 次成功飞行，如图 6.12 所示。

图 6.12　"小精灵"无人机第 2 次飞行示意

2."舒特"项目

早在"网络中心战"理念出现之前的 20 世纪 90 年代，"舒特"项目就已经存在了，当时的名称是"罗盘呼叫机载信息传输系统/通用数据链"（ABIT/CDL）项目。在 2004 年的联合远征军演习中,"舒特 3"专门演示了针对反恐的能力,如图 6.13 所示。

图 6.13　2004 年联合远征军演习中的舒特 3

"舒特"项目可以从两个维度进行解读。

从效能角度,可将其视作一个"电磁–赛博–火力一体化"攻击项目,即将"舒特"定位为一个"战场无线网络攻击项目",主要侧重对敌方一体化防空系统实施电磁攻击、赛博攻击、火力打击,以达到瘫痪敌方一体化防空系统的作战目标。

从实现方式角度,可将其视作一个网络化协同项目。在体系构成方面,"舒特"项目倾向于实现情报侦察一体化、信息传输网络化、作战力量配套化、指控扁平化、作战编组立体化、作战行动协调化、作战保障整体化(全球化)。在作战功能方面,"舒特"项目基本实现:电子战、网络战、进攻性反太空技术与动能打击,情报监视与侦察作战的一体化运用。在组织指挥方面,"舒特"项目通过对现有业务部门和系统、有关军兵种和军地职能机构的统一组织与协调,再造一体化信息流程,重塑体系作战行动,实现了战场的一体化指控。

具体地说,"舒特"项目通过以网络中心协同目标瞄准技术(NCCT)网络构建的网络中心环境，实现了 EC-130H"罗盘呼叫"、RC-135V/W"联合铆钉"、"高级侦查员"、F-16CJ"野鼬鼠"、前沿部署无人机等资产的有机组网与融合，进而实现了战场电子侦察与攻击、战场无线网络侦察与攻击、硬杀伤引导与打击等功能的有机结合，最终实现克敌制胜的目标。

6.5 电磁静默战

如何在战略层面上充分展示实力以达到慑战、止战之目的，以及如何在战术层面上充分隐藏实力以达到出奇、制胜之目的，一直以来都是战争永恒的主题之一。具体到电磁频谱领域内的冲突，考虑到电磁频谱天生的空域开放性，其核心工作则应以"隐藏实力"为主，即如何尽可能地减少电磁频谱辐射或以更加隐蔽的方式辐射。

关于这种以"电磁静默"为目标的作战方式，国内外均有相关研究：国内专家近年来一直将其称为"电磁静默战"，而 2015 年年底美国战略与预算评估中心（CSBA）发布的《制胜电波》研究报告中则将其称为"低功率到零功率作战"。然而，不管如何称呼，考虑到未来战场上用频系统的巨大价值及失去用频系统所可能造成的巨大损失，这种以"不辐射或隐蔽辐射电磁能"为主要特征的隐蔽作战方式都已成为未来大势所趋。

6.5.1 "低功率到零功率"作战

作为大国竞争的主要参与者、实施者，美国海军对于大国竞争非常重视，并不断致力于以新理念提升其大国竞争能力。例如，该军种提出的分布式杀伤理念就带有非常明显的大国竞争特点。具体到电磁频谱领域，美国海军近年来不断致力于提升面向电磁静默战的各方面能力。

2015 年年底，美国战略与预算评估中心发布的《制胜电波》研究报告中有关"低功率到零功率"作战概念的描述包括：使用低功率电子对抗系统，使用低截获概率/低检测概率传感器，使用低截获概率/低检测概率通信系统。这种作战模式的提出，非常具备针对性，即主要针对美国定义的"大国竞争对手"。这是因为，美国认为这些对手具备很强的"反介入/区域拒止"（A2/AD）能力，而该能力主要依靠的就是"主场优势/东道国优势"（见图 6.14），而"低功率到零功率"作战则可以非常好地抵消这种优势。

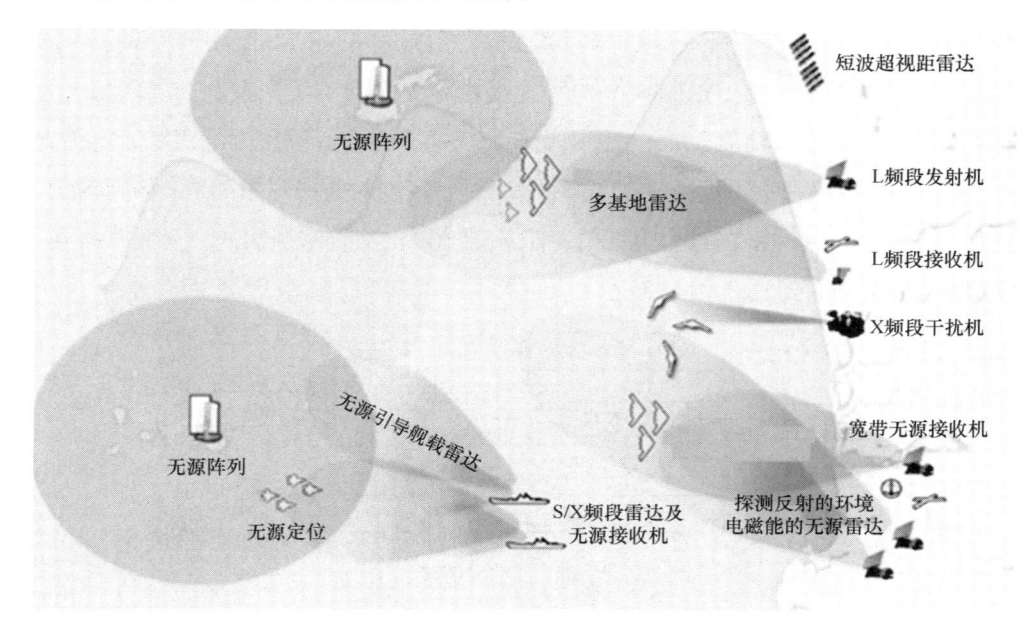

图 6.14 "主场优势/东道国优势"示意

6.5.2 "电磁静默战"的基本概念

"电磁静默战"指的是在战场上尽量不辐射电磁信号或者以隐蔽方式辐射电磁信号的一种作战场景或作战模式，而不是单纯地不辐射任何电磁信号。随着无源精确定位直接引导火力打击能力的不断提升，战场上的有源电磁设备的"粗放式"应用会越来越少，因此，未来电磁频谱领域的博弈向"电磁静默战"转型是主要趋势之一。

"电磁静默战"关注的核心问题有两个：敌方若采用"电磁静默战"这种作战模式，己方应如何应对（如何发现、跟踪、定位、软/硬打击敌方目标）；己方若采用"电磁静默战"这种作战模式，如何在确保电磁静默的前提下确保己方电子信息系统正常运作，尤其是那些不得不辐射电磁信号的电子信息系统（如干扰机、高功率微波武器系统）。

6.5.3 "电磁静默战"发展历程概述

2000年，法国萨基姆（SAGEM）公司员工 Dominique Maltese 等发表了一篇题为"红外搜索与跟踪（IRST）与电子支援措施（ESM）数据融合：实现海上防空领域的全静默搜索功能"的 SPIE 论文，提出通过融合红外搜索与跟踪、电子支援措施这两类无源手段的数据（架构见图 6.15），实现对作战对象的"全静默搜索"能力，进而为后续的跟踪与火力打击奠定基础。该论文首次提出的"全静默搜索"理念是关于电磁静默战的最早描述之一。

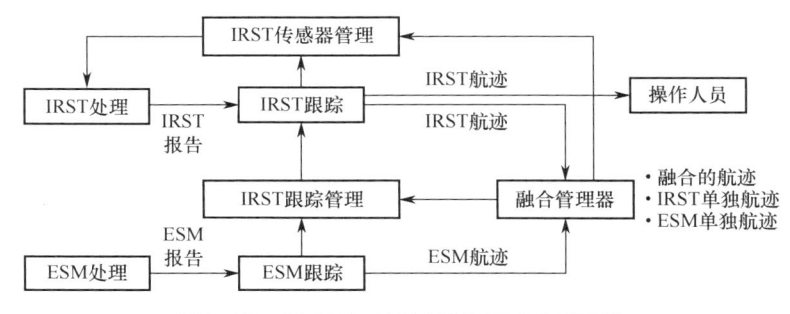

图 6.15 IRST 与 ESM 数据融合体系架构

2013 年 7 月，美国海军牵头举行了"三叉戟勇士 2013"演习，实现了基于 EA-18G "咆哮者"电子战飞机机载战术目标瞄准网络技术（TTNT）数据链的多平台精准定位。演习期间，加装了新数据网络和传感器系统升级包的 EA-18G "咆哮者"电子战飞机机组人员能够更快、更准确地定位威胁，并通过 TTNT 数据链网络实时共享目标数据。该系统升级包被称为"远距离无源精确密保瞄准系统"，此前 E-2D "鹰眼"预警机中已经安装了一个类似的系统。

2017 年 8 月，美国海军举行了"网络化传感器 2017"（NS17）演习。主要目标包括：改进信息交换，以确保通信竞争环境中复杂作战行动的指控能力；提高战斗机在战场上快速发现、定位和跟踪目标的能力；允许决策者在更远的距离内识别海上目标；确保复杂海上环境下的目标瞄准与交战能力；提高战士战场感知能力。演习期间，美国海军重点对包括 TTNT 数据链在内的传感器网络化数据链进行了试验。利用了 3 架 EA-18G 电子战飞机的 ALQ-218（V）2 接收机来实现网络化无源定位，并成功实现了无源定位引导武器打击的能力。

6.5.4 电磁环境利用概念

为解决"电磁静默战"带来的挑战，国内有专家提出了电磁环境利用的概念，即"综合利用电磁环境信号，实现符合电磁静默战作战需求的态势感知、通信与组网、火力打击、电子攻击等能力"。

可见，只有同时满足以下两方面需求才可以纳入电磁环境利用的范畴：所利用的对象必须是战场上的电磁"环境"信号，这些"环境"信号主要包括第三方辐射信号（如卫星信号、广播电视信号、移动基站信号等）、敌方辐射信号（如敌方的通信、导航、敌我识别乃至干扰信号）、己方有意发射但隐蔽性较强的电磁信号（如"掺杂"在民用信号中的信标信号）；利用的效果必须能够满足电磁静默战作战需求，即必须能够确保"不辐射或隐蔽辐射电磁信号的同时不影响作战效能"。

从预期作战效能角度来看，典型的电磁环境利用方式简述如下。

在对敌态势感知与软硬杀伤引导方面，可充分利用广播电视、移动基站及天基卫星等各种空间无线电辐射信号的反射特性，实现对空中、地面及海上或海下敌方目标的高精度探测、定位、识别、跟踪，并最终引导火力打击、电子攻击乃至赛博攻击。

在己方通信与组网方面，亦可利用上述第三方辐射信号（乃至敌方辐射信号）来实现隐蔽通信。

在定位导航与授时方面，可利用上述第三方辐射信号实现己方部队与平台的精确定位导航与授时。

在电子攻击方面，可以通过精确复制环境信号并稍作"设计"（调制、编码等）以开展针对性的隐蔽式转发式干扰；可以直接转发电磁环境信号并实施隐蔽式电子攻击；还可以通过分布式电子攻击等低功率手段实现有效且隐蔽的攻击。

6.6 算法博弈战

从顶层来看，当前电子对抗的主要博弈焦点主要是"技术环节"，主要是信号/数据/信息处理环节，如针对接收环节的传感器对抗、针对传输环节的通信与网络

对抗等。然而，随着人工智能的全面渗透，电子对抗博弈焦点逐渐向着"战术环节"转型，即作战行动环节（敌杀伤链/杀伤网，或 OODA 环）。例如，针对"观察"（O）环节的态势感知对抗、针对"判断与决策"（OD）环节的指控压制与欺骗等。

针对作战环节的电磁博弈，可视作广义上的"算法博弈"，即围绕人工智能三要素（算法、算力、数据）的攻防。当然，无论是"技术环节"博弈还是"战术环节"博弈，其最终目标是相同的，即"决策压制""体系破击"。或者更具体地说，就是通过网络化协同、人工智能等方式确保己方电子战系统形成体系的情况下，实现对敌基于网络化协同、人工智能的体系的破击。

6.6.1 算法博弈概述

考虑到广义的"人工智能"主要依赖"算法、算力、数据"来实现，因此，本部分主要从这几个角度出发，研究"算法博弈"，即针对人工智能算法、算力、数据的感知、防护、反制理论、方法、技术。更具体地说，"算法博弈指的是在感知、反制对手人工智能算法、认知化装备的同时，保护己方人工智能算法、认知化装备免遭敌感知、反制"。利用人工智能三要素存在的缺陷，通过有意操纵敌方数据、篡改敌方算法、消耗敌方算力等手段，以便在误导敌方系统推理、感知敌方算法/算力/大数据层面的漏洞、降低敌方系统性能、瓦解敌方基于人工智能 OODA 环的同时，保护己方人工智能系统免遭敌方发起的上述攻击。

6.6.2 三要素博弈技术群

机器学习算法博弈技术群。在算法博弈中，机器学习算法层面的博弈是最核心、最重要、最本质的博弈，算力、大数据层面的博弈可视作算法层面博弈的扩展与外延。机器学习算法博弈技术群的主要作用为：感知敌方人工智能体系中个体或体系的算法层面的脆弱性，并针对该脆弱性开展针对性的攻击，进而实现算法篡改、对敌杀伤链瓦解、系统性能削弱等目标，最终获取算法优势。

大数据博弈技术群。在算法博弈中，大数据层面的博弈是外围的、具备向内渗透性的、容易开展且潜在效能很强大的一种博弈手段。大数据博弈技术群主要作用为：感知敌方人工智能体系中个体或体系的数据层面脆弱性，并针对该脆弱性开展针对性攻击，进而实现数据操纵的目标，同时保护己方大数据，最终获取数据优势。

运算能力博弈技术群。在算法博弈中，运算能力层面的博弈是中间层的、具备内外渗透性的、难度相对较高的一种博弈手段。运算能力博弈技术群的主要作用为：感知敌方人工智能体系中个体或体系的运算能力层面的脆弱性，并针对该脆弱性开展针对性攻击，进而实现运算能力消耗等目标，同时保护己方运算能力，最终获取运算能力优势。

6.6.3 算法博弈对电磁频谱博弈的未来影响

算法博弈会对未来战争产生深远影响。

对博弈理论的影响。主要体现在以下几方面：博弈的焦点从个体博弈（节点级）、群体博弈（网络级），向智能博弈（算法级）转型；博弈的效能从断链、瘫网、破传感器等系统级破坏，向对敌杀伤链瓦解、操纵数据、篡改算法、消耗算力等体系级破坏转型；博弈的对象从电磁信息与数据处理的环节与效应（电磁信息产生、传输、处理等），向电磁信息与数据作战运用（人工智能算法、算力、大数据分析）转型。

对作战战法的影响。尽管人工智能正飞速发展，但当前电磁频谱领域内作战战法仍以基于网络中心战的方式来组织，即通过一个网络中心环境，所有的电磁频谱装备、系统、平台可以通过空口就近接入其中，并获得"全连通"能力。然而，近期随着马赛克战等理念的提出与发展，一种基于分布式人工智能的、面向算法博弈的后网络中心战时代的作战战法浮现出来。简而言之，从算法博弈角度来看，未来电磁频谱领域内的作战战法必然是一种基于算法博弈的新战法，即朝着"算法体系破击战"的方向发展。

6.7 基于电磁波量子效应的电子侦察

传统电子战理论与技术几乎全是以电磁波的波动性为基础理论开展的，且主要以电磁场的电场特征（电信号参数）作为主要的感知维度，这导致电磁认知能力日益接近物理极限,如电磁信号感知灵敏度、电磁信号感知带宽、电磁信号感知动态范围、无源测向与定位精度、测频/测时分辨率、干扰距离、干扰精准度等性能,这极大地制约了电子战传统体制的发展空间。

若从电磁波的波粒二象性角度来考虑,电磁波的可用特征则要广泛得多,而每一个特征都是一条崭新的思路。其中,量子效应特征[如电磁诱导透明(EIT)效应]得到了世界各国军方的高度重视,并取得了一系列进展。例如,美国陆军尝试利用电磁波的量子效应特征来侦察射频信号,可突破传统电子支援系统灵敏度低、覆盖频率范围窄等瓶颈,最终实现极高灵敏度(原子能级量级)、极高带宽(THz量级,非瞬时带宽)的电子侦察。

6.7.1 基于电磁波量子效应的电子侦察基本原理

近年来,利用里德堡原子极化率大、场电离阈值低、电偶极矩大及能级间隔处于微波频段的特性,军方、工业界致力于开发一种基于原子能级的电磁场测量的新方法,即里德堡原子传感器。里德堡原子对外界电磁场非常敏感,可以实现超宽带射频电场的高分辨、高灵敏测量。具体地说,可以实现基于原子的快速免校准宽带(0.01~1000GHz)电场的精密测量。

基于里德堡原子的电磁场传感器的工作机理是"将入射射频电磁波的电场强度作为探测和测量的基本物理量"。该方法主要使用里德堡原子作为电磁波接收介质。里德堡原子可视作"量子振荡器",它能够对选择的入射电磁波频率进行完美的频率匹配(里德堡价电子的轨道频率与电磁波频率实现共振)。

图6.16描绘的是美国陆军研究实验室的实验装置里德保电磁接收机结构示意。在实验室条件下,这套装置可测量到-120dBm的信号,具有4MHz的瞬时带宽及80dB的线性动态范围。

6.7.2 典型项目

1. 美国陆军基于里德堡原子的量子传感器项目

美国陆军研究实验室传感器和电子器件分部量子技术组所开发了基于里德堡原子的新型量子传感器。该传感器利用处于里德堡态的原子对电场的敏感响应来感知从 kHz 到 THz 带宽内的电磁波，其感应灵敏度非常高。这种传感器与传统传感器的区别如图 6.17 所示。美国陆军研究实验室对该接收机进一步优化，实现了超越偶极子天线的灵敏度和动态范围，并在实验室条件下对 0~20GHz 的现实世界真实无线电信号进行采样，轻松检测出实验室周边环境中的调幅、调频、WiFi、蓝牙等类型的通信信号。

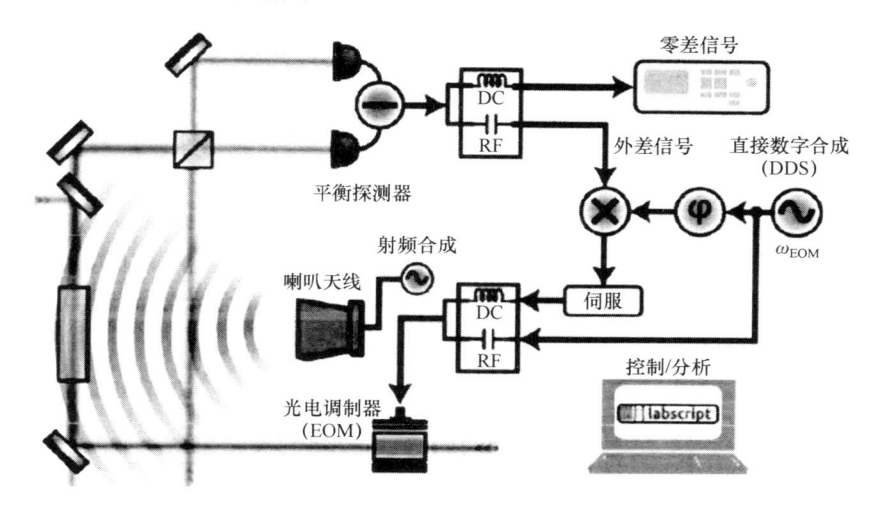

图 6.16　美国陆军里德堡电磁接收机结构示意

2. NIST 基于里德堡原子的 VLF 接收机

美国国家标准技术研究院（NIST）的研究人员已经证明，可以利用量子物理学原理在 GPS 和普通手机或电台无法可靠工作或根本无法正常工作的位置（如室内、城市、峡谷、水下）进行通信和位置映射。NIST 团队正在试验甚低频电磁无线电（VLF 数字调制）的电磁信号，与常规的电磁通信信号相比，该电磁信号在建筑物材料、水和土壤中传播的频率更高。

研究人员建立了一种直流磁力计，该磁力计利用偏振光检测某些原子的"自旋"。因为原子是高度敏感的，并且响应迅速，所以最终量子传感器将能够利用两全其美的方法增强 VLF 无线电信号，在理想宽带上提供精确信号。VLF 电磁场已经在水下用于水下通信。使用量子传感器可以获得最佳的磁场灵敏度，灵敏度的提高原则上可实现更远的通信范围。

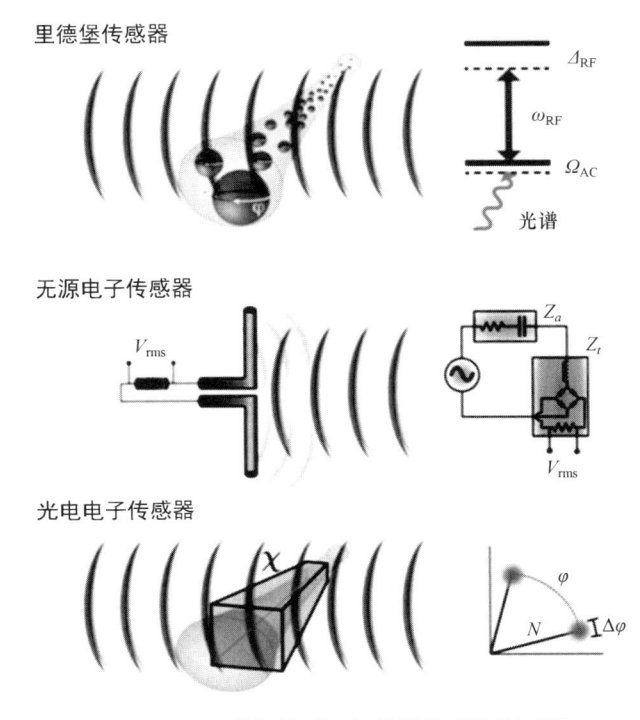

图 6.17　里德堡传感器与传统传感器的区别

3. DARPA 用于新技术的原子蒸气科学（SAVaNT）项目

SAVaNT 项目的目标是征求创新性的研究建议，显著提高原子蒸气在电场感测和成像、磁场感测和量子信息科学（QIS）方面的性能。该项目可提高多功能原子蒸气平台的性能。

该项目主要研究三类技术：里德堡电测量，旨在提高里德堡电测的灵敏度和瞬时带宽；矢量磁测量，专注于在小型物理封装中以高灵敏度和准确度实现准直流场（1mHz～100Hz）的基于蒸气的矢量磁力测量；蒸气量子电动力学（vQED），即在强耦合条件下打造一个室温、基于蒸气的量子电动力学演示平台。

4. DARPA 量子孔径（QA）项目

量子孔径项目的目标是演示"将里德堡传感器作为射频接收机系统的一部分"，最终开发一套能够定向接收低能量密度、带调制的射频信号的系统，该系统的工作频段极宽。量子孔径与传统天线孔径的区别如图 6.18 所示。

该项目主要解决当前里德堡传感器面临的以下技术挑战：在确保干涉性与透

射率的情况下，增强灵敏度；实现接收机信道频率的快速、宽带、连续调谐；演示传感器阵列和到达角测向能力；接收任意波形。

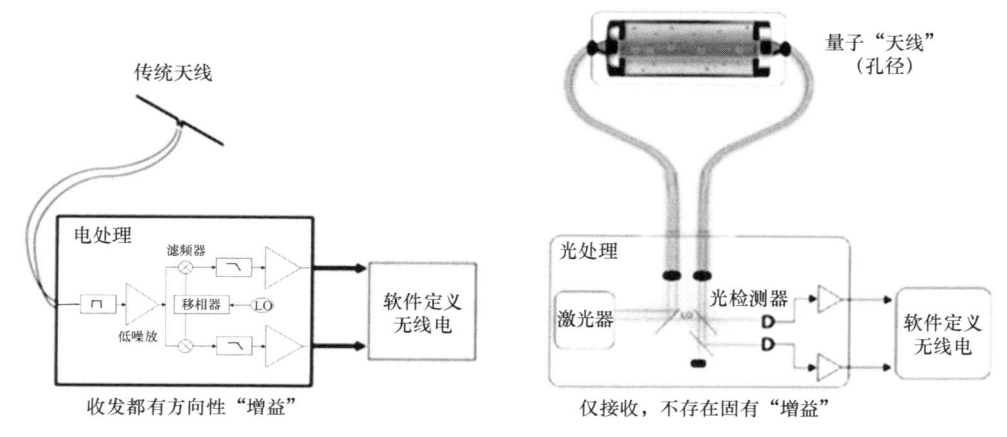

图 6.18 量子孔径与传统天线孔径的区别

参考文献

[1] 《电子战技术与应用——通信对抗篇》编写组. 电子战技术与应用——通信对抗篇[M]. 北京：电子工业出版社，2005.

[2] 总装电子信息基础部. 电子战与信息战技术与装备[M]. 北京：原子能出版社，2003.

[3] POISEL R A. 通信电子战系统导论[M]. 吴汉平，等译. 北京：电子工业出版社，2003.

[4] 熊群力. 综合电子战——信息化战争的杀手锏[M]. 2版. 北京：国防工业出版社，2008.

[5] 栗苹. 信息对抗技术[M]. 北京：清华大学出版社，2008.

[6] ADAMY D L. EW103：通信电子战[M]. 楼才义，等译. 北京：电子工业出版社，2010.

[7] POISEL R A. 现代通信干扰原理与技术[M]. 陈鼎鼎，等译. 北京：电子工业出版社，2005.

[8] POISEL R A. 通信电子战系统目标获取[M]. 楼才义，陈鼎鼎，等译. 北京：电子工业出版社，2008.

[9] 龚耀寰，李军，熊万安，等. 信息时代的信息对抗——电子战与信息战[M]. 成都：电子科技大学出版社，2007.

[10] 张伟总. 侦察情报装备[M]. 北京：航空工业出版社，2009.

[11] 杨小牛,楼才义,徐建良. 软件无线电原理与应用[M]. 北京:电子工业出版社,2001.

[12] 杨小牛,楼才义,徐建良. 软件无线电技术与应用[M]. 北京:北京理工大学出版社,2010.

[13] 孙义明,杨丽萍. 信息化战争中的战术数据链[M]. 北京:北京邮电大学出版社,2005.

[14] TSUI B Y. GPS软件接收机基础[M]. 2版. 陈军,潘高峰,等译. 北京:电子工业出版社,2007.

[15] 胡建伟,汤建龙,杨绍全. 网络对抗原理[M]. 西安:西安电子科技大学出版社,2004.

[16] 郑连清,刘增良,吴耀光. 战场网络战[M]. 北京:军事科学出版社,2002.

[17] 戴清民,等. 计算机网络战综论[M]. 北京:解放军出版社,2001.

[18] 李晓,陈乘风,郭铸文. 键与屏的搏杀——网络战扫描[M]. 武汉:湖北科学与技术出版社,2001.

[19] 王应泉,肖治庭. 计算机网络对抗技术[M]. 北京:军事科学出版社,2001.

[20] 马西亚,成冀,王汉水. 网络战——地球村时代的战争[M]. 长沙:国防大学出版社,1999.

[21] 杨小牛. 电子战?信息战?——从信号战走向比特战:中国电子学会电子对抗分会第十二届学术年会论文集[C]. 洛阳:中国电子学会电子对抗分会,2001.

[22] SCHLEHER D C. Introduction to Electronic Warfare[M]. Boston/London: Artech House, 1986.

[23] 张春磊. 人工智能对电子战的影响分析[J]. 电子对抗,2019(4):55-62.

[24] 张春磊,王一星,吕立可,等. 美军网络化协同电子战发展划代初探[J]. 中国电子科学研究院学报,2022(3):213-217,237.

[25] 张春磊,王一星,陈柱文. 网络化协同电子战[M]. 北京:国防工业出版社,2023.

[26] 张春磊,杨小牛. 从"电磁静默战"到"电磁环境利用"[J]. 信息对抗学术,2017(3):4-7.

[27] 通信电子战编辑部. 电波制胜:重拾美国在电磁频谱领域的主宰地位[R]. 嘉兴:中国电子科技集团公司第三十六研究所,2015.

[28] 张春磊. 美海军电磁静默式精准火力引导发展综述[J]. 通信电子战,2021(4):32-36.

[29] 张春磊,王一星. 美军基于电磁波量子效应的电子侦察发展综述[J]. 通信电子战,2021(4):27-31.

反侵权盗版声明

电子工业出版社依法对本作品享有专有出版权。任何未经权利人书面许可，复制、销售或通过信息网络传播本作品的行为；歪曲、篡改、剽窃本作品的行为，均违反《中华人民共和国著作权法》，其行为人应承担相应的民事责任和行政责任，构成犯罪的，将被依法追究刑事责任。

为了维护市场秩序，保护权利人的合法权益，我社将依法查处和打击侵权盗版的单位和个人。欢迎社会各界人士积极举报侵权盗版行为，本社将奖励举报有功人员，并保证举报人的信息不被泄露。

举报电话：（010）88254396；（010）88258888
传　　真：（010）88254397
E-mail：　dbqq@phei.com.cn
通信地址：北京市万寿路173信箱
　　　　　电子工业出版社总编办公室
邮　　编：100036

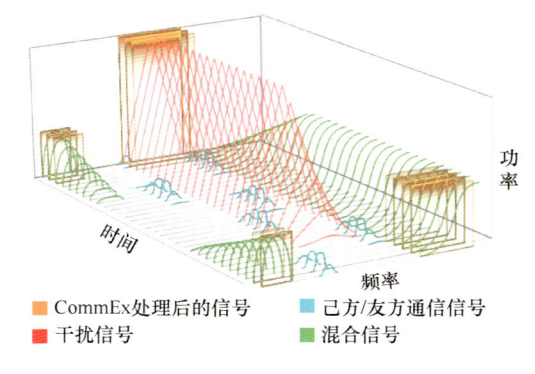

图 6.9 复杂电磁环境及 CommEx 处理